초등
인문독서의 기적

초등

인성, 통찰력, 학습력을 모두 잡는 인문독서 실천 로드맵

인문독서의 기적

임성미 지음

북하우스

인문독서는 유행이 아니라
생존력이다

최근 인성의 중요성이 대두되면서 대입에 인성 평가가 도입되고 인성교육진흥법이 통과되는 등 인성교육 바람이 불고 있습니다. 인성이란 무슨 뜻일까요? 흔히 인성이라고 하면 그 사람의 성품이나 사람됨을 떠올립니다. 착한 사람, 남을 배려하고 도와주는 이타적인 사람을 인성이 좋은 사람이라고 말하곤 하지요. 그런데 사전을 찾아보면 다른 뜻도 있습니다. "각 개인이 갖고 있는 사고와 태도, 행동의 특성"이 그것입니다. 즉, 세상을 보는 관점이나 가치관, 삶에 대한 태도, 그 사람만의 고유한 개성도 인성으로 보는 것입니다.

저는 인성을 '급변하는 세상을 헤쳐 나가는 능력, 변화에 대처하는 능력'이라고 말하고 싶습니다. 미래학자는 물론 여러 분야의 전문가들이 이구동성으로 하는 말이 있습니다. 이제 기업과 조직

안에서 안정된 삶과 성공이 보장되던 시기는 지나갔고, 모든 것이 불확실하고 유동적인 시대를 살고 있다는 것이지요. 100세까지 수명이 길어진 시대에 이제는 직업을 열 번이라도 바꿀 각오를 하라고 합니다. 이처럼 산업구도와 지식의 지형이 하루아침에 바뀌는 이 시대에 진정으로 필요한 능력은 무엇일까요? 급변하는 디지털 시대의 소용돌이에 휘말리지 않고 정신을 차리려면 그 무엇보다 '내공'이 필요합니다. 예측하지 않았던 상황이나 변화가 닥쳐도 자기를 놓치지 않고 붙들어 매어둘 수 있는 힘이 곧 내공입니다. 이런 내공이 있어야 변화에 대처하여 생존하는 힘을 기를 수 있기 때문입니다.

이 책을 집어든 분들 중에는 제목을 보고 요즘 인문학이 유행하니까 어린이까지 인문학 책을 읽으라고 하는구나 하고 생각하는 분도 있을 것입니다. 하지만 인문학 책을 읽어야 하는 것은 유행에 따르기 위함도 아니고, 교양을 쌓기 위해서나 과거에 대한 향수 때문도 아닙니다. 인문학 책을 읽어야 하는 가장 큰 이유는 스스로 배우고 즐기는 능력을 기르기 위해서입니다.

우리는 평생 배워야 합니다. 배움은 우리의 자존감을 향상시키고, 배움이 깊어질수록 타인의 시선에 얽매이지 않고 당당하게 살아가는 내공을 기를 수 있습니다. 문제가 닥쳤을 때 순발력 있게 해결하는 능력, 안전한 시스템 속에서 안주하기보다는 배짱 있게 도전하는 능력, 실패해도 다시 일어설 수 있는 정신력도 배움의 결과로 얻을 수 있는 것들입니다.

인문독서의 또 다른 목적은 공감하고 연대하는 힘을 기르기 위해서입니다. 신자유주의, 자본주의 체제 속에서 많은 사람들이 고용불안에 시달리고 심지어는 생존의 위험에까지 내몰리고 있습니다. 고용불안, 실업문제, 빈부차이, 학벌사회, 인권문제 등 현재 우리 사회는 함께 머리를 맞대고 풀어야 할 일들이 아주 많습니다. 이런 문제들을 풀어나가기 위해서는 어려서부터 세상과 이웃에 관심을 갖고 토론과 합의를 통해 문제를 해결해나가는 연습을 해야 합니다. 오로지 내신 등급을 올리고 점수 따기에 몰입하게 하는 교육은 분명히 문제가 있습니다. 학교 교육을 비롯한 모든 교육의 기본은 독서교육이어야 합니다. 반드시 모든 아이들이 교과서 외에 인문도서를 읽고 토론하고 글을 쓰도록 지도해야 합니다.

저는 최고의 인문학적 독서 체험은 고통받는 사람에 공감하고 그들을 돕는 것이라고 생각합니다. 제가 아주 좋아하는 책 『단순한 기쁨』을 쓴 프랑스의 아베 피에르 신부님은 이 세상은 신을 믿는 사람과 믿지 않는 사람으로 나뉘는 게 아니라, 오직 '자신을 숭배하는 자'와 '타인과 공감하는 자' 사이의 구분이 있을 뿐이라고 말합니다. 타인의 고통 앞에서 고개를 돌리는 사람과 타인을 고통으로부터 구하기 위해 싸우는 사람 사이의 구분이 있을 뿐이라는 것입니다. "왜 우리는 이 땅에 태어나는 걸까요?" 하고 사람들이 물을 때마다 피에르 신부님은 "사랑하는 법을 배우기 위해서지요"라고 대답합니다. 그런가 하면『정의란 무엇인가』,『돈으로 살 수 없는 것들』이라는 책으로 유명한 하버드대 마이클 샌델 교수는 지금 이 시대는 그 어느 때보다 도덕적 가치 토론을 치열하게 해야 할 때라고 힘주어 말합니다. 여기서 도덕성은 결국 인간에 대한 공감과 사랑을 바탕으로 형성되고 실천할 수 있는 것입니다.

어린이 문학을 연구한 많은 학자와 심리학자가 어릴 때 읽은 책이 아이에게 도덕적 상상력을 길러줄 수 있다고 말합니다. 문학은 인간으로 하여금 삶의 의미와 가치에 자발적인 관심을 유도할 수 있는 힘을 갖고 있는데, 그것은 바로 상상력입니다. 이 상상력에 의해 인간은 책을 읽으면서 새롭게 기억을 떠올리고 양심에 따라 행동할 수 있게 됩니다. 배려, 생명존중과 같은 도덕적 덕목을 알고 있다 하더라도, 그것에 대한 상상적 공감 없이는 어떠한 도덕적 의지도 생겨나지 않습니다. 합리적인 추론에 의해 이성적으로 옳다고 판단했다 하더라도 공감할 수 없으면 행동으로 이어지지 않는다는 것입니다. 즉, 감정적으로 이끌림이 없다면, 또 그것을 하고 싶다는 간절한 욕구나 열망이 없다면 그저 공허한 논리로 남게 됩니다.

결국 인문독서를 통해 변화에 대처하는 능력과 공감하고 연대하는 힘을 기르려면 어려서부터 책을 좋아하고 책을 평생의 친구로 삼을 수 있도록 기초를 닦는 일부터 해야 합니다. 무작정 책만 많이 읽는다고 인문학적 소양과 사고력이 길러지는 것은 아닙니다. 중요한 것은 부모의 중개 역할입니다. 경험이든 책이든 경험한 것 그 자체로 끝내지 않고 그것을 의미 있는 것으로 여기고 성찰하도록 부모가 도와주어야 합니다.

그렇다면 인문독서는 어떻게 하는 것일까요? 본문에서도 얘기했지만 인문독서 방법이 정해져 있는 것은 아닙니다. 더구나 인문고전을 꼭 읽어야 하는 것도 아닙니다. 인문학적 소양을 길러주려면 반드시 『논어』, 『사기』와 같은 책을 읽게 해야 하느냐고 질문하는 분들이 많습니다. 간혹 어떤 분들은 엘리트 교육이나 조기 독서교육을 강조하면서 고전의 원전을 제대로 읽도록 지도해야 한다고 말하기도 합니다. 물론 어려운 책, 동서양의 철학책을 읽으면서 깊이는 모르지만 더 알고 싶다는 지적 욕구와 도전의식을 느낄 수 있을 것입니다. 아이에 따라서는 어렵고 복잡한 책에 호기심을 갖고 더 열심히 읽으려고 하고 그것이 독서 흥미를 높이기도 합니다. 하지만 고전을 원전으로 읽으려면 그것을 제대로 이해하고 맛들일 수 있도록 도움을 주는 어른이 필요합니다. 이를테면 훈장 선생님이 필요한 것이지요. 무조건 혼자 많이 읽는다고 해서 인문학적 소양이 늘어난다고 볼 수는 없습니다. 다른 사람과 소통하면서 읽는 게 더 중요합니다.

한편 독서도 일종의 '트라우마'가 있습니다. 어떤 아이는 처음부터 너무 어려운 책을 읽으려다가 좌절감을 느껴 책을 덮게 되고 다시는 안 보려고 할 수도 있습니다. 책을 펼쳤을 때 모르는 어휘가 나오면 대부분은 앞뒤 문맥을 통해서 추론해가며 읽거나 사전을 찾아서 이해해가며 읽습니다. 하지만 모르는 단어가 너무 많으면 글의 흐름을 이해하지 못합니다. 특히 글을 이해하려고 신경 쓰다 보면 짜증이 나고 급기야 책을 덮게 되지요.

책을 읽어야 한다는 분명한 목적과 흥미가 없이 어려운 책을 읽는다는 것은 상당한 도전입니다. 이는 아직 준비도 안 된 아이를 데리고 갑자기 높은 산을 오르려고 하는 것이나 다름없지요. 당연한 말이지만 힘들었던 경험이 너무 강하면 다시는 그 일을 안 하려고 합니다.

흔히 인문학 책 하면 문학, 역사, 철학 책을 말합니다만, 저는 인문학 책이라고 하여 반드시 인문 고전을 위주로 읽혀야 한다고 생각하지 않습니다. 고전은 사람들에게 오랫동안 읽혀오면서 좋은 책이라고 인정받은 책입니다만, 고전이 아무리 좋다 해도 바로 들고 읽기 시작할 수 있는 책은 아닙니다. 아무리 남 보기에 좋은 책이어도 독자로서 흥미가 끌리지 않으면, 즉 손이 가지 않으면 그야말로 그림의 떡일 수밖에 없습니다.

더구나 어른도 생소한 인문 고전을 자녀에게 읽으라고 했을 때 호기심과 도전의식을 갖고 읽는 아이가 몇이나 될까요? 인문학 책을 통해 인문학적 소양을 길러주고 싶다면 인문학에 맛을 들여가며 천천히 읽도록 도와주어야 할 것입니다. 굳이 처음부터 고전을 읽어주려고 애쓰기보다 아이들이 좋아하는 창작동화와 역사 이야기, 철학책부터 권하는 것도 좋습니다. 어린이용 철학책은 아이들이 흔히 고민하는 문제와 궁금한 점을 흥미로운 그림과 이야기로 구성해놓은 것이 많습니다. 이런 책을 즐겨 읽다 보면 자연스럽게 철학자에게 관심을 갖게 되고, 고전으로 흥미가 발전할 수도 있습니다.

결국 인문독서는 무슨 책을 읽어야 한다는 법칙이 따로 있는 게 아닙니다. 좋은 책으로 평판이 나 있는 책 중에 아이에게 맞는 책을 골라 함께 읽는 것이 중요합니다. 아이 혼자서 많은 책을 읽는 것보다 어른과 이야기를 나누며 읽는 것이 훨씬 좋습니다. 달리 말하면 무슨 책을 읽는가보다 어떻게 읽는가가 더 중요하다는 뜻입니다. 앞에서 여러 번 강조했듯이 인문학적 성찰이 중요합니다. 따라서 아이에게 억지로 인문 고전을 읽히려고 할 필요는 없습니다. 좋아하는 책부터 읽으면서 점점 깊이 있는 책으로 나아가도록 돕는 게 가장 바람직합니다.

임성미

차례

◉ ◉ ◉

흔히 책이라고 하면 인쇄된 책만을 떠올리지만 넓게 보면 책은 이
야기입니다. 즉, 이야기를 품고 있는 것들은 모두 책이라고 할 수
있습니다. 우리가 일상에서 겪는 모든 사건들이 한 편의 이야기
잖아요. 따라서 아이가 경험하는 일상의 모든 것들은 책이라고
할 수 있습니다. 중요한 것은 그런 일상의 사건들을 특별하게 느
끼게 해주고 그것을 통해 생각하는 힘을 길러주는 어른의 노력입
니다.

Chapter 1

세상의 모든 것이 책이다

"우리 유년기의 나날들 가운데,
좋아하는 책 한 권과 함께 보낸 날들만큼이나
충만하게 살아낸 시간도 없을 것이다."
– 마르셀 프루스트

01

일상의 경험이 책이다

책만 보면 도망가는 아이

인문학 공부가 유행하면서 인문학이라는 제목으로 많은 강좌가 열리고 인문학을 주제로 한 책도 많이 출간되었습니다. 인터넷 서점에서 검색을 해보니 천 권이 훨씬 넘습니다. 이처럼 인문학 열풍이 불게 된 까닭은 무엇일까요? 여러 이유가 있겠지만 인문학 공부를 통해 세상을 살아가는 통찰력을 기르고 싶어서가 아닐까 생각합니다.

'통찰'은 무엇을 보거나 경험한다고 해서 바로 일어나는 것이라기보다 자신의 경험과 지식을 반추하여 그 의미를 꿰뚫어보고 그것을 자기 삶에 적용하고 성찰함으로써 생기는 체험이라고 할 수 있습니다. 통찰은 일종의 깨달음이라고도 볼 수 있는데요, 자신이 갖고 있는 어떤 문제를 해결하는 과정에서 '아하!' 하고 무릎을 치는 순간을 맞이하는 것입니다.

그러니까 통찰력은 지식과 경험을 통해 인식의 지평이 넓어지고 문제를 바라보는 관점이 다양해지면서 형성된다고 할 수 있습니다. 세부적인 사항을 놓치지 않으면서도 종합적으로 문제를 조망해보는 사고력, 그것을 통해 미래를 예측하고 어떻게 행동할 것인지, 비전이나 희망을 제시할 줄 아는 것을 말합니다. 말하자면 선견지명을 갖게 되는 것이지요.

통찰력은 정말 멋지고 매력적인 단어입니다. 누구나 갖추고 싶은 능력이지요. 통찰력은 일종의 문제해결 능력입니다. 그렇다면 어떻게 해야 통찰력이라는 멋진 능력을 기를 수 있을까요? 앞에서 통찰력은 인식의 지평을 넓히고 문제를 바라보는 관점을 다양하게 함으로써 형성된다고 했지요? 바로 이 점이 아주 중요합니다. 자기가 믿고 있는, 지각하고 있는 인식의 세계를 넓히는 것이 통찰력을 기르는 첫걸음입니다. 문제를 해결하려고 그 원인을 아무리 생각한들 인식의 세계가 좁으면 한계가 있겠지요. 같은 집이라도 마당에 나와 볼 때와 산 위에서 내려다볼 때는 그 차원이 다른 것처럼요. 어디 그뿐인가요. 인식의 세계를 넓힌다 해도 갈등의 대상에 대한 이해와 공감이 안 되면 통찰이 일어날 수 없습니다.

물론 책을 많이 읽는 것이 통찰력을 기르는 데 도움이 됩니다. 하지만 아이들의 경우엔 조금 다른 생각이 필요합니다. 특히 책을 별로 좋아하지 않는 아이, 책을 많이 안 읽는 아이, 책을 제대로 읽는 습관이 안 된 아이에게 무작정 책을 읽으라고 하면 안 되겠지요. 이런 아이들에게 어떻게 책을 읽게 하여 통찰력을 기를 수 있도록 도와줄 수 있을까요?

방법이 있습니다. 바로 경험에서 시작하는 것입니다. 아이들이 매일 겪는 경험이 가장 실감나는 리얼북이잖아요. 생각해보십시오. 그 옛날, 책이 없을 때 아이들은 무엇으로 세상을 살아가는 지혜, 통찰력을 길렀을까요? 당연히 경험을 통해 얻었지요.

책을 읽기만 한다고 해서 통찰력이 바로 생기는 게 아니듯, 경험도 마찬가지입니다. 경험을 통한 학습, 즉 통찰로 이어지게 하려면 교육이 필요합니다. 교육을 다른 말로 바꿔 말하면 코칭입니다. 코칭이라고 하면 훈련받은 전문가나 할 수 있는 것으로 생각할 수 있으나 그 방법만 조금 알면 부모도 할 수 있습니다.

코칭은 크게 태도와 대화라고 볼 수 있는데요, 가장 중요한 태도는 아이의 일상에 관심을 가지는 것입니다. 흔히 책이라고 하면 인쇄된 책만을 떠올리지만 넓게 보면 책은 이야기입니다. 즉, 이야기를 품고 있는 것은 모두 책이라고 할 수 있습니다. 우리가 일상에서 겪는 모든 사건이 한 편의 이야기잖아요. 따라서 아이가 경험하는 일상의 모든 것은 책이라고 할 수 있지요. 중요한 것은 그런 일상의 사건을 특별하게 느끼게 해주고 그것을 통해 생각하는 힘을 길러주는 어른의 노력입니다.

통찰력, 마음껏 떠들기로도 기를 수 있다

아이의 말을 잘 들어주는 어른, 하면 떠오르는 사람이 있습니다. 구로야나기 테츠코의『창가의 토토』에 나오는 교장 선생님입니다. 초등학교 1학년인 토토는 일반 학교에서 거절당하고 도모에 학원이라는 대안 학교에 면접을 갑니다. 토토의 엄마는 토토를 교장실에 혼자 들여보내고 밖에서 기다리지요. 그런데 한 시간, 두 시간, 세 시간이 지나도 아이가 나오지 않습니다. 네 시간이 지나서야 토토가 상쾌하고 밝은 얼굴로 뛰어나옵니다. 대체 네 시간 동안이나 교장 선생님과 무슨 이야기를 나눈 것일까요? 교장 선생님은 토토가 하고 싶은 말을 실컷 할 때까지 진심으로 열심히 들어주었어요. "이제 더 이상 하고 싶은 말이 없니?" 하고 물었을 때 토토가 "없어요" 할 때까지 말이지요.

저는 이 장면에서 정말 가슴이 먹먹해지도록 감동을 받았습니다. "이렇게 훌륭한 선생님이 계시다니!" 이 책을 읽고 저도 그 교장 선생님처럼 아이들의 이야기를 잘 들어주는 선생님이 되어야겠다고 마음먹었고, 그렇게 하려고 노력해왔습니다.

요즘은 심리치료의 종류가 정말 많습니다. 놀이치료, 미술치료, 음악치료, 동물치료, 요리치료, 독서치료 등등 말이지요. 이 가운데 자신에게 맞는 치료 방법이 있겠지만, 마음의 억압을 풀고 현재의 자신을 인정하고 사랑할 수 있도록 도와주는 것이 심리치료의 목적이라면 가장 쉽게 할 수 있는 치료가 수다치료라고 생각합니다. 무작정 수다떨다 보면 마음속에 맺힌 것이 풀리고 스스로 문제의 원인을 인식하기도 합니다. 게다가 누군가가 곁에서 적절히 반응을 하고 질문을 던져주면 문제해결 방안이 수면 위로 떠오르기도 하지요.

하고 싶은 말을 몇 시간이고 마음껏 털어놓도록 편안함을 주는 어른에게서 아이는 존중받고 있다고 느낍니다. 그리고 자신을 존중해주는 어른의 말에 귀를 기울이지요. 그때 비로소 진정한 교육이 이루어지기 시작합니다.

좋은 사람이
좋은 책이다

사람보다 더 나은 책은 없다

"부모가 가장 좋은 책이다."

강의를 갈 때마다 제가 가장 먼저 던지는 말입니다. 아이의 말을 존중해주는 부모, 아이를 따뜻하게 품어주는 부모, 즐겁게 살아가는 부모가 아이에게는 가장 좋은 책입니다.

요즘은 자녀에게 좋은 책을 사주고 싶어 하는 부모는 많은 반면, 좋은 사람을 만나게 해주려고 애쓰는 부모는 찾아보기 힘듭니다. 그러나 사람보다 더 나은 책이 있을 수 없지요.

리빙 라이브러리living-library라는 도서관을 들어보셨는지요? 이름 그대로 '살아 있는 도서관', 즉 살아 있는 사람을 책 대신 빌려주는 도서관입니다. 덴마크 출신의 사회운동가 로니 에버겔이 창안한 것이라고 하는데요, 이 도서관을 찾은 사람들은 준비된 도서목록(사람목록)에서 읽고 싶은 책(사람)을 선택합니다. 그러면 그 사람이 나오고 마주 앉아 자유롭게 질문을 하고 대화를 나눕니다. 대화를 나누는 과정에서 자연스럽게 그 사람의 인생 이야기를 듣게 되는 것이고, 그게 바로 한 권의 책을 읽는 것이지요.

살아 있는 도서관의 홈페이지에 올라온 목록은 대개 노숙자, 동성애자, 난민, 싱글맘, 우울증 환자, 신체기증자 등 일상에서 만나기 힘든 사람들입니다. 우리는 그들의 이야기를 보통 뉴스나 드라마 등에서 접하기 때문에 잘못된 편견을 갖고 있기도 하고, 그들의 처지를 잘 모를 수 있습니다. 그런데 그들과 직접 이야기를 나눔으로써 편견이 깨지고 더 잘 이해하는 계기가 될 수 있습니다. 실제로 이 도서관 홈페이지에는 '다양성 이해하기'라는 부제가 붙어 있다고 합니다. 우리가 책을 읽는 것도 결국 사람과 세상을 알아가고 이해하기 위한 것이라는 점에서 살아 있는 도서관, 사람 책 도서관은 아주 멋진 이벤트인 것 같습니다.

열악한 환경을 극복하는 힘

좋은 사람이 좋은 책이라는 것을 말해주는 흥미로운 사례가 있습니다. 1950년대 미국의 사회학자와 소아과 의사, 정신과 의사,

사회복지사, 심리학자 들이 하와이 카우아이 섬에서 야심찬 연구를 시작했습니다. 그 섬에서 태어난 신생아 833명을 대상으로 이들이 어른이 될 때까지 추적 조사하는 대규모 연구였지요. 섬 주민은 대대로 가난과 질병에 시달렸고, 대다수 주민이 범죄자이거나 알콜중독자 혹은 정신질환자였습니다. 학교 교육도 제대로 이루어지지 않아 청소년 비행도 심각한 수준이었고요. 이 섬에서 태어난 것은 불행한 삶을 예약하는 것이나 다름없었지요.

많은 학자가 이 섬을 연구한 이유는 한 인간이 어머니 뱃속에서부터 어른이 될 때까지 가정과 사회 환경이 어떤 영향을 얼마만큼이나 미치는가를 알아보기 위한 것이었습니다. 이 연구는 아이들이 열여덟 살이 될 때까지 계속되어 1977년 책으로 출간되었습니다. 연구 결과는 누구나 짐작한 대로였지요. 결손 가정의 아이일수록 학교와 사회에 적응하기 힘들었으며, 부모의 성격이나 정신건강에 결함이 있을 때 아이에게 나쁜 영향을 끼치는 것으로 나타났습니다. 어찌 보면 너무 빤한 결과입니다.

하지만 에미 워너라는 심리학자는 이 방대한 연구를 다른 각도로 보려는 시도를 했습니다. 그는 전체 대상 중에서 가장 열악한 환경에서 자란 201명을 추려냈어요. 그들은 모두 극빈층에서 태어났으며 가정불화가 아주 심하거나 부모가 별거 혹은 이혼 상태였어요. 부모 한쪽 또는 양쪽 모두가 알콜중독이나 정신질환을 앓고 있었고요. 이런 환경에서 자란 아이들 대부분은 학교생활에 적응하지 못하고 학습부진을 보였고, 학교와 가정에서 여러 갈등을 일으켰으며, 열여덟 살이 되었을 때 상당수가 폭력 사건에 연루되어 소년원에 갔거나 수차례 범죄 기록을 갖고 있었습니다. 여자아이의 경우엔 정신질환을 앓거나 미혼모가 되어 있었지요.

그런데 여기서 에미 워너 교수는 새로운 사실을 발견합니다. 201명 가운데 3분의 1인 72명은 별 문제를 일으키지 않았다는 것이지요. 그는 뭔가 잘못된 것은 아닌가 하고 72명에 대한 자료를 꼼꼼히 살펴보았습니다. 다시 보았지만 이들 72명은 모두 훌륭한 청년으로 성장했습니다. 가족이나 친구들과 잘 지내고 있었으며, 긍정적인 성격에 미래에 대한 비전을 갖고 있는 지극히 정상적인 젊은이들이었어요.

아이가 좋은 사람을 많이 만나도록 도와라

이들이 어려운 환경 속에서도 역경을 극복하고 잘 성장할 수 있었던 비결은 무엇일까요? 에미 워너 교수는 오랜 연구를 통해 이들이 공통적으로 갖고 있는 핵심적인 요인을 찾기 위해 노력했고, 결국 그가 내린 결론은 '인간관계'였습니다. 열악하고 불행한 여건 속에서도 꿋꿋이 성장할 수 있었던 비결은 바로 그 아이의 입장을 무조건적으로 이해해주고 받아주는 어른이 적어도 그 아이의 인생 중에 한 명은 있었다는 것입니다. 그 사람이 부모이든 친척이든 선생님, 성직자, 이웃집 누구이든, 언제든 마음을 열고 아이를 받아주고 사랑해준 한 사람이 있었다는 것이지요.

좋은 사람은 아이를 사랑하는 사람입니다. 아이를 사랑해주는 사람이 많을수록, 사랑을 많이 받을수록, 사랑받는다고 느끼는 경험이 많을수록 아이는 역경을 잘 극복하고 좋은 사람으로 성장합니다. 그러니 아이가 자랄 때 좋은 사람을 만나는 것이 좋은 책을 읽는 것 이상으로 중요하지요.

가끔 사람을 옆에 두고도 책만 보는 아이가 있습니다. 그저 책 읽는 것에 빠져서 주변 사람이 무엇을 하는지 관심이 없습니다. 학교에서도 쉬는 시간에 늘 책만 읽고 다른 친구들의 일에는 관심이 없는 아이가 있지요. 책을 유난히 좋아하는 아이라고 그냥 넘어갈 수도 있지만 한편으론 걱정이 되기도 합니다. 그런 아이들 중에는 친구 사귀는 게 힘들어서, 혹은 귀찮아서 책으로 도망가는 경우도 있으니까요.

책에서 배우는 세상도 하나의 세상임에는 틀림없으나, 살아 있는 사람을 만나는 것이 더 먼저일 것입니다. 좋은 사람을 어떻게 만나게 할까요? 먼저 부모가 다른 사람들과 좋은 관계를 맺어야 하고, 아이에게 좋은 사람을 만날 기회를 주는 것입니다. 교육은 결국 관계를 통해 이루어지니까요.

러시아의 대문호 레프 톨스토이와 어느 청년은 이런 대화를 나눴다고 합니다.

"선생님, 저는 인생을 바꾸고 싶습니다. 어떻게 하면 될까요?"

"좋은 사람을 만나시오. 그러면 당신의 인생이 바뀔 것이오."

"제 주위에는 좋은 사람이 없는 것 같습니다."

"그럼 좋은 책을 만나시오. 그러면 틀림없이 당신 인생이 바뀔 것이오."

부모에게 권하고 싶은 책 📖 ···

『회복탄력성』, 김주환 글, 위즈덤하우스

03

마을이 책이다

마을 사람들의 삶이 모두 책이었던 시절

누가 저더러 가장 잘하는 것이 무엇이냐고 물었을 때, 얼른 대답할 수 있는 거라면 '낯선 사람과 빨리 친해지는 능력'이라고 말할 수 있습니다. '친화력'이라고도 할 수 있는데요, 저는 낯선 곳이나 낯선 사람을 만났을 때 보통 사람들보다는 덜 긴장하고, 때로는 그것을 즐기는 것 같습니다. 그 이유는 외향적인 성격을 타고난 점도 있지만 어릴 적 환경의 영향이 더 크다는 생각이 듭니다.

저는 집성촌에서 태어나 스무 살까지 그곳에서 자랐어요. 할아버지 3형제가 한 동네에 사셨고 아버지는 9남매 중 장남이신데다, 아버지의 사촌들, 즉 오촌 당숙, 당고모들도 열 명이 넘었어요. 마을 사람들 대부분이 멀고 가까운 친척들이었지요. 증조할머니도 살아 계셨고, 외증조할머니도 옆 동네에 사셨기에 온 마을이 제가 놀던 마당이었다고 할 수 있습니다.

지금은 상상하기 힘들겠지만 불과 40여 년 전만 해도 농촌은 마을공동체로 묶여져 있어서 남의 자식 제 자식을 가리지 않고 함께 키우는 분위기였습니다. 부모가 바쁘면 대신 돌봐주고 걱정해주는 어른들이 많았지요. 뜨개질, 바둑, 연 만들기, 놀이, 요리 등 생활에 필요한 모든 것들은 삼촌이나 선배에게서 전수를 받았고요. 많은 사람들 속에서 자라서 그런지 딱히 외롭거나 쓸쓸하거나 우울하다는 생각을 별로 하지 않았던 것 같습니다. 용돈을 받아본 적도 없고 풍족하게 써본 적도 없지만 결핍되어 있다거나 남보다 못살아서 슬프다는 생각도 한 적이 없었던 것 같고요.

이런 분위기에서 자랐으니 제가 친화력을 갖게 된 건 어쩌면 당연한 일입니다. "아이 한 명이 자라려면 온 마을이 필요하다"는 아프리카 속담이 있지요. 제게는 마을 사람들의 삶이 모두 책이었습니다. 어제까지 인사를 나누었던 어르신이 오늘 세상을 떠나 뒷산 무덤가의 주인공이 되는 것을 일상으로 겪었으니까요. 사람들이 태어나고 자라고 사랑하고 이별하고 결혼하고 아기를 낳고 죽어가는 과정을 함께 지켜보고 나누었습니다.

어릴 적 친구들도 언젠간 마을을 떠나 다른 곳에서 새 둥지를 틀고 살아가지만, 고향이 있다는 것은 한 사람의 생애에 많은 영향을 줍니다. 한 그루의 나무가 잘 자라려면 자신이 심어진 곳에 깊이 뿌리를 내려야 하는 것처럼, 고향이라는 공간은 자기 존재의 뿌리를 내린 곳이라고 할 수 있습니다. 부정적인 경험이든 긍정적인 경험이든 어린 시절을 보낸 마을이라는 공간이 한 사람의 삶에 지대한 영향을 주는 것만은 부인할 수 없지요.

부모가 먼저 이웃과 잘 지내는 모습을 보여라

아이 한 명을 위해 온 마을이 함께 노력해야 한다는 생각은 결혼 후 아이를 키우면서 더 확고해졌습니다. 그러던 중 힐러리 클린턴이 쓴 『집 밖에서 더 잘 크는 아이들』이라는 책을 읽고 더욱 분명하게 깨달았지요. 힐러리는 퍼스트레이디가 되기 전 아동문제 법률 전문가로 25년 이상 열정적으로 활동해온 사람이었어요. 그는 이 책에서 어린이를 올바르게 키우기 위해서는 사회 전체가 힘을 모아야 한다는 것을 다양한 사례를 들어 강조합니다.

그래서 "함께 키우자!" 이것이 제가 제 아이들을 키우면서 가장 중요하게 갖고 있던 생각입니다. 큰애가 다섯 살 때 동네 복지관의 어린이집에 다니기 시작하고 둘째아이가 태어나던 무렵부터 복지관에서 아이들에게 글쓰기 수업을 시작했습니다. 독서교육에 본격적으로 관심을 갖게 된 것도 그때부터입니다. 복지관에서 여러 사람들을 만나고, 어린이집 선생님과 학부모들을 만나면서 아이들에게도 마을이 생겼습니다. 일곱 명 정도의 아이들이 자주 어울

렸는데, 주말이면 두 명의 엄마가 돌아가면서 아이들을 데리고 박물관이나 극장, 공원 등을 데리고 나가 함께 놀게 했지요. 그러다 보니 함께 밥을 먹고 함께 놀고 함께 여행하는 기회가 많았습니다. 일종의 품앗이 교육인데요, 내 자식 네 자식 편 가르지 않고 함께 자식 키우는 심정으로 돌봐주고 염려해주면서 키운 것입니다.

한편 복지관에서 실시한 다양하고 질 높은 부모 교육이 수많은 부모에게 교육에 대한 정보는 물론 올바른 교육관을 심어주는 등대와 같은 역할을 했습니다. 부모 자녀 간 효과적인 대화법을 배울 수 있는 '부모역할 훈련Parent Effectiveness Training'을 비롯하여 부부관계 프로그램, 감정코칭, 독서교육 등 많은 교육들을 받을 수 있었지요. 그런 교육을 통해 자발적인 독서모임이 만들어졌고, 교육을 받은 부모 중 많은 사람이 자기계발을 통해 자신의 직업을 개척하기도 했습니다. 자녀교육에 대한 강의를 듣다가 부모 자신의 커리어를 발견하고 발전시키게 된 것입니다.

오랫동안 부모들을 위한 독서교육을 하며 제가 확신을 갖게 된 것은 부모가 이웃과 잘 지내는 모습을 보여주는 것이 가장 좋은 교육이라는 것입니다. 더 나아가 부모가 자신이 살고 있는 지역사회의 학교나 시민단체, 공공기관, 종교단체 등에 소속되어 어떤 역할을 하는 것이 아이에게 아주 좋은 교육이 된다고 생각합니다.

또한, 자라나는 아이들에게는 익숙하고 편하게 활개치고 다닐 수 있는 고향 같은 공간이 필요합니다. 따라서 어릴 때는 되도록 이사를 자주 가지 않고, 소속을 자주 바꾸지 않는 것이 좋겠지요.

⊙ ⊙ ⊙

서로 통하고 있다, 마음을 알아준다는 느낌은 우리를 외롭지 않
게 합니다. 부모님이 내 마음을 알아주고 있다고 여기면 그 누가
뭐라 해도, 조금 억울한 일을 당해도 그것을 견디는 힘이 생깁니
다. 나를 알아주는 부모가 뒤에 든든하게 버티고 있으니까요. 아
이에게 책을 읽어주는 것은 위에서 말한 것들을 모두 만족시킬
수 있는 방법입니다. 책을 매개로 하여 아이는 부모와 소통하는
즐거움을 느끼고 인간과 세상을 이해하는 능력을 키워갑니다.

Chapter 2

부모의 역할이 중요하다

"좋은 책을 읽는 것은
과거의 가장 훌륭한 사람들과 이야기를 나누는 것과 같다."
- 르네 데카르트

01

인문독서,
부모가 먼저 시작하라

부모를 공격하는 아이들

생각하면 섬뜩하고 가슴이 미어지지만, 가끔 우리는 신문 지상이나 방송에서 부모를 때리고 심지어 죽이기까지 하는 청소년의 사연을 접합니다. 물리적 폭력은 아니더라도 부모에게 마구 대들고 욕하는 청소년은 어렵지 않게 볼 수 있습니다. 물론 그런 일을 겪는 부모는 창피스럽고 속상해서 숨기고 싶어 하지요. 때때로 문제를 해결하기 위해 상담실을 찾아가는 용기 있는 부모도 있습니다.

무엇이 그 청소년으로 하여금 분노하게 하고, 결국엔 자기를 낳아주고 길러준 부모를 공격하게 만든 것일까요?

이와 관련하여 소개하고 싶은 책이 있습니다. 일본의 심리치료사 가와이 하야오가 쓴 『어린이 책을 읽는다』라는 책입니다. 저자는 교토대학 교육학 박사이자 명예교수로 일본에서 문화청 장관을 지냈으며, 일본 융 심리학의 일인자로 꼽히는 사람입니다. 이 책의 서문에서 그는 이런 말을 합니다.

> "오늘날 나 같은 치료사에게 자녀 문제를 상담하러 오는 부모를 만나보면 일반적인 의미에서 그 부모의 어떤 점이 '나쁘다'고 간단하게 말할 수 없는 경우가 많다. 그러나 가정에서 폭력을 부모에게 휘두르는 아이들은 '어른들은 나쁘다'고 한다. 때로는 그것이 부모를 죽음으로 몰고 가기도 한다. 아이들은 무엇 때문에 화가 나서 폭력을 휘두르는 것일까?"

어느 날 부모에게 폭력을 휘두르는 아이에게 그가 물었습니다.
"네 부모는 지금까지 네가 원하는 것은 다 해주었는데 뭐가 불만이어서 그러는 건지 말해다오."

그러자 아이가 "우리 집은 종교가 없어요"라고 대답했습니다. 여기서 아이가 말한 '종교'는 단순히 장례를 불교식으로 치르냐 마냐의 문제가 아닌 훨씬 본질적인 문제로서의 '종교'를 의미한다고 그는 말합니다.

가와이 하야오는 현대의 많은 부모가 자녀에게 물질적 풍요를 제공하는 것을 부모 노릇의 전부라고 여기고 있는 점을 우려하고 있습니다. "원하는 것은 뭐든지 다 해주었다"라고 말하는 부모의 무의식에는 신과 가까워졌다는 오만이 내포되어 있다고 그는 말합니다. 폭력을 휘두르는 아이가 부모에게 "왜 나를 낳았냐"고 따져 묻는 것은 '나는 왜 태어났는가?', '나는 어디서 왔나?'와 같은 인간 존재의 가장 근원적인 질문을 던지는 것인데, 부모는 이런 근원적인 질문에 대해 진지하게 귀를 기울이거나 논의하지 않는다는 것이지요.

부모가 책을 읽어야 하는 이유

이것과 관련하여 유명한 소설 『호밀밭의 파수꾼』의 주인공 홀든 이야기를 잠시 해볼게요. 이 소설의 배경은 1950년대 미국 뉴욕입니다. 주인공 홀든은 부유한 중상류층 집안에서 성장한 소년인데, 유명한 사립학교에서 성적 불량으로 퇴학을 당하고 뉴욕 거리를 헤매고 다니지요. 일기처럼 서술된 소설에서 홀든의 내면 심리는 분노에 차 있습니다. 언뜻 봐서는 청소년기 정체성을 찾아가는 흔한 방황처럼 보일지 모르나 홀든의 경우는 조금 다릅니다. 소설의 마지막 부분에서 홀든은 자신이 미쳤다고 생각하고 정신병원으로 치료를 받으러 들어가지요. 무엇이 홀든을 그토록 화나게 한 것일까요?

시작은, 홀든이 열세 살 때 겪은 동생의 죽음입니다. 홀든은 동생이 죽은 후 차고로 숨어들어 유리창을 전부 주먹으로 깨부숩니다. 왜 어린 동생이, 착하고 똑똑했던 동생이 죽어야 했는지 어린 홀든은 이해할 수도, 받아들일 수도 없었겠지요. 책 속에는 자세히 나와 있지 않지만 동생의 죽음 앞에 느낀 어찌할 수 없는 깊은 상실감과 미처 자신도 깨닫지 못하는 죄책감 등이 뒤엉켜 혼란스러웠을 것입니다. 가까운 사람을 잃은 후 많은 이들이 폭발할 것 같은 분노의 감정을 느끼곤 하니까요.

동생이 무덤 속에 홀로 있는데 그 동생을 남겨두고 비를 피하기 위해 뛰어가는 사람들을 보며 홀든은 견딜 수 없어 합니다. 동생을 잃어서 너무 슬픈데 사람들은 동생이 천국에 갔다고 쉽게 말해버리지요. 소설 속에는 열세 살 아이의 마음에 진심으로 공감하고 아픔을 함께하려는 어른이 없습니다. 어머니도 아버지도 홀든의 혼란과 고통을 공감할 여유도, 통찰력도 없어 보입니다. 홀든의 분노는 극으로 치닫습니다.

급기야 홀든은 여동생이 다니는 학교 벽에 외설스런 낙서를 한 사람을 죽여버리고 싶은 충동을 느낍니다. 보통 사람이라면 벽에 낙서한 사람을 죽이겠다는 생각은 하지 않지요. 그런데 홀든은 어린 동생이 다니는 학교에 외설스런 욕을 쓴 사람을 극도로 증오합니다. 왜 그럴까요? 소설 속에서 홀든은 호밀밭에서 뛰노는 아이들이 절벽으로 떨어지지 않도록 지키는 파수꾼이 되고 싶다고 말하는데, 이는 동생의 죽음으로 인한 상실감에서 비롯된 것임을 짐작할 수 있습니다. 순수함을 동경하고 그것을 잃지 않으려고 하는 홀든의 마음은 거의 강박증에 가까울 정도이지요. 그래서 낙서를 한 사람을 죽이는 상상까지 한 것이고요. 자신이 이렇듯 미쳐가고 있음을 직감했기에 그는 제 발로 정신병원에 들어간 것입니다.

열세 살 소년이 이렇게 힘들어할 때 부모는 무엇을 했을까요? 안타깝게도 소설 속에 나오는 홀든의 부모는 홀든이 느끼는 상실감과 분노, 죽음에 대한 공포, 강박증에 대해 알아차리지 못합니다. 홀든이 유일하게 속마음을 털어놓는 대상은 열 살 된 여동생 피비입니다. 그나마 다행이지요.

부모가 문학 작품을 읽는 이유, 즉 독서를 해야 하는 이유는 자녀가 보이는 행동을 단층적인 시각으로만 바라보지 않고 '진실'이 무엇인지 통찰할 수 있는 능력을 기르기 위함입니다. 『호밀밭의 파수꾼』의 홀든처럼 죽음과 같은 충격적인 일을 겪지 않더라도 아이들은 성장하면서 수많은 의문과 두려움을 맞닥뜨리고 그것에 대해 누군가와 이야기를 나누고 싶어 합니다. 그러니 아이가 던지는 근원적인 질문에 대해 이야기를 나누고, 서로의 마음을 소통하기 위해 부모가 먼저 인문학 책을 읽어야 합니다.

부모에게 권하고 싶은 책 📖 ....

『좋은 이별』, 김형경 글, 사람풍경

02

소통의 시작,
함께 읽기

아이의 이야기에 귀 기울이는 것부터 시작하라

"엄마, 착한 사람은 천국에 가는 거야?"

"그렇지."

"그럼 나쁜 사람은 지옥에 가고?"

"아마 그럴걸."

"음, 그럼 착한 일도 하고 나쁜 일도 한 사람은 어디로 가?"

오래전 아들애가 여섯 살 무렵에 제게 던진 질문입니다. 순간 저는 당황했습니다. 어린 나이이지만 꽤 고민을 한 듯 보였거든요. 아이의 얼굴은 상당히 진지했고, 좀 무거워 보이기까지 했어요. 아마 자신이 뭔가 나쁜 짓을 저질렀는데 지옥에 갈까 두려웠던 모양입니다. 잠시 생각하다 저는 이렇게 대답해주었습니다.

"그래서 너처럼 염려하는 사람들을 위해서 중간 지역이 있단다. 살았을 때 알게 모르게 나쁜 짓을 했더라도 거기서 영혼이 다시 깨끗해질 수 있어. 거기를 연옥이라고 한대."

"정말?"

"응, 신부님이 알려주셨어."

아이의 얼굴이 환해지면서 이해가 된다는 듯 고개를 끄덕였습니다.

이 또래의 아이들은 죽음 이후의 세계, 천사, 요정 등 초월적인 것에 대해 자주 묻곤 합니다. 저희 아들애도 그런 편이었는데 그럴 때마다 아이 마음을 안심시켜주는 대답을 하려고 애썼습니다.

어떤 부모는 아이의 이런 고민을 대수롭지 않게 여기고 웃어넘길 수도 있습니다. 하지만 아이들은 때때로 매우 진지합니다. 아이들은 대부분 신이 있다고 생각하고, 죽음 후의 세상을 믿으며, 천사도 요정도 괴물도 악마도 있다고 믿으니까요. 그런데 그런 건 모두 지어낸 것이고 환상이라고 말하면 아이는 그런 생각을 하는 자신을 이상하다고 여길 것입니다. 그리곤 더 이상 어른에게 그런 말을 하지 않겠지요. 외로움을 느끼면서요. 자기에게는 진짜로 느껴지는 것을 어른이 부정해버리니까요.

어른이 생각하는 것 이상으로 아이들은 인생의 본질적인 것에 대해 묻습니다. 상당히 철학적인 질문도 불쑥 던지곤 하지요. 이런 철학적인 질문은 아이 자신도 어디에서 그런 물음이 나왔는지 모르듯이 우리 내면의 본질, 어쩌면 영혼에서 우러나오는 그 무엇과 닿아 있는 것들입니다.

이때 부모가 할 수 있는 가장 좋은 태도는 진지하게 들어주는 자세입니다. 아이는 그럴 때 존중받고 있다고 느끼고 자신이 매우 소중하다고 여기게 됩니다. 우리는 서로 뭔가를 공유할 때 소통한다고 느낍니다. 가만히 들어만 주어도 소통하고 있다는 생각이 들지요. 아이가 귀신이나 무서운 괴물이 나오는 그림책을 읽어달라고 할 때 기꺼이 읽어주기만 해도 아이는 부모와 소통하고 있다고 여기고 안정감을 느낍니다.

소통의 즐거움이 인문학적 통찰력의 시작이 된다

서로 통하고 있다, 마음을 알아준다는 느낌은 우리를 외롭지 않게 합니다. 부모님이 내 마음을 알아주고 있다고 여기면 그 누가 뭐라 해도, 조금 억울한 일을 당해도 그것을 견디는 힘이 생깁니다. 나를 알아주는 부모님이 뒤에 든든하게 버티고 있으니까요.

아이에게 책을 읽어주는 것은 위에서 말한 것들을 모두 만족시킬 수 있는 방법입니다. 대부분의 책은 인간의 근원적인 궁금증을 이야기로 형상화해놓은 것이지요. '사람은 왜 태어났을까?', '죽으면 어떻게 될까?', '왜 화가 날까?', '가족이란 무엇일까?' 등등 수많은 물음에 대해 이야기를 하고 있습니다. 그러므로 책을 읽어주기만 해도 책 속의 수많은 이야기를 통해 아이는 인간과 세상에 대한 이해의 폭을 넓혀갈 것입니다. 또 책을 읽어주기만 해도 '내 마음을 알아주는구나!', '내 마음과 같구나!' 하는 마음을 갖고 편안함을 느낍니다.

이렇듯 책을 매개로 하여 아이는 부모와 소통하는 즐거움을 느끼고 인간과 세상을 이해하는 능력을 키워갑니다. 인문학은 바로 인간과 세상에 대한 공부를 말합니다. 자녀에게 인문학적 통찰력을 길러주고 싶다면 지금 바로 함께 책을 읽어주세요.

03

혼자 읽은 열 권 vs.
대화하며 읽은 한 권

책 읽기, 부모와의 대화가 왜 중요할까

더 구체적으로 들어가 어떻게 아이와 대화를 나누는지 알아보겠습니다. 예를 들어볼게요. 아이가 학교에서 친구와 싸우고 들어왔을 때 어떻게 이야기를 나눌 수 있을까요? 상처에 약을 발라주면서 "앞으로는 친구와 싸우지 말고 사이좋게 지내라" 하고 훈계하는 것으로 끝낸다면 그건 대화라고 할 수 없지요. 먼저 무슨 일로 싸우게 되었는지 물어보아야 할 것입니다. 물론 다그치거나 추궁하는 식으로 물어서는 안 되겠지요.

아이가 친구와 싸운 사연을 이야기하는 동안, 부모는 진지하고 인내심 있게 들어야 합니다. 이것이 모든 대화의 기술에서 가장 중요한 '위대한 경청'입니다. 아이는 때로 무슨 말인지 알아듣지 못할 정도로 앞뒤 순서 없이 장황하게 말을 늘어놓을 수도 있겠지요. 그래도 부모는 최대한 귀를 기울이고 열심히 들어야 합니다.

아이가 풀어놓은 사건의 이야기는 한 편의 글이라고 할 수 있습니다. 자신이 읽은 이야기를 부모에게 들려주는 것과 같은 것이지요. 우리는 이런 '재생'의 과정을 통해 기억을 떠올리고 그것을 이야기로 만들어갑니다. 처음부터 이야기가 완벽할 수는 없습니다. 그러므로 이때 부모의 도움이 필요합니다.

아이가 조리에 안 맞게 이야기를 하더라도 잘 들어본 다음에 '반응'을 해주어야 합니다. 그냥 고개만 끄덕이는 게 아니라, 아이가 이야기한 내용을 짧게 정리하여 반응해주는 것입니다. "아, 그러니까 이러저러해서 싸운 거구나"라고 말이지요. 부모가 이렇게 요점을 정리해서 반응해주면 아이도 머릿속에서 내용 정리가 됩니다. 자연스럽게 요점을 정리하는 방법을 익히게 되는 것이지요.

다른 사람의 말을 듣고 요점을 파악하는 것, 책을 읽고 요점을 정리할 줄 아는 것은 독해의 기본 단계입니다. 이렇게 대화 속에서 자연스럽게 요점 정리하는 방법을 배운 아이는 굳이 학습지를 통해 요점 정리 기술을 배우지 않아도 되겠지요. 우리의 뇌는 반복을 통해 어떤 기능을 외워버리고 그것을 자동화하는 시스템을 갖추고 있거든요. 부모가 아이의 말을 잘 듣고 반응해주는 것이 얼마나 중요한지 강조하고 또 강조해도 부족할 정도입니다.

부모의 적극적 경청과 질문의 힘

그런데 아이의 이야기를 경청하고 반응해주는 것만으로는 부족합니다. "그 친구와 싸울 때 어떤 기분이었어?", "그 친구는 왜 그렇게 행동했을까?", "사이좋게 지내려면 어떻게 하면 좋을까?" 같은 질문을 해보는 게 좋습니다. 이것은 아이의 감정을 읽어주는 한편, 아이가 친구의 처지와 감정을 헤아려보고 어떻게 문제를 해결할지 생각해보게 하는 질문입니다. 아이가 친구와 사이좋게 지내는 방법을 말하면 "네가 생각해낸 방법을 실행에 옮겼을 때 어떤 결과가 올지 생각해보자" 하며 다음 단계로 넘어갑니다. 이는 머릿속으로 상상하고 예측하는 능력을 촉발하는 질문이지요.

이렇게 대화를 통해 아이가 자신의 경험을 떠올리고, 정리하고, 문제해결 방안을 궁리해보고, 예측해보도록 하는 것 자체가 이미 통찰력을 길러주는 과정입니다. 부모는 적절한 반응과 질문, 약간의 정보를 제공하면 됩니다. 자신이 경험한 사건을 두고 이렇게 어른과 대화를 나눈 아이는 그 이야기가 오랫동안 머릿속에 기억되고 학습이 됩니다. 그냥 흘려보낼 수 있었던 사건을 통해 문제를 해결하는 방법을 배우고 생각하는 힘을 기르는 것입니다.

책 읽기도 마찬가지입니다. 자녀 혼자서 열 권의 책을 읽는 것보다 한 권의 책을 같이 읽으면서 대화를 나누는 것이 자녀의 사고력을 높이는 데 아주 중요합니다. 책을 매개로 누군가와 이야기를 나눌 때 정말 많은 것을 얻을 수 있습니다. 대화를 통해 아이는공감하고 소통하는 즐거움을 느끼게 될 것입니다. 부모와 책에 관한 대화를 나누며 즐거움을 느낀 아이는 자연스럽게 책을 좋아하게 되고, 사람과 세상을 바라보는 인식의 평수도 넓어집니다.

깊이 있는 대화는
몇 살부터 가능할까?

아이는 엄마 뱃속에서부터 이야기를 듣습니다. 태어나서는 가족 간의 상호작용을 통해 언어를 배우고 생후 4개월만 되어도 책에 반응하지요. 그러다 어느 순간 기호, 즉 문자와 그림으로 이루어진 책을 이해하고 즐기게 됩니다. 만 3세만 되어도 짧은 이야기를 이해할 줄 알게 되고, 주인공에게 동일시하고 주인공처럼 되고 싶어 하지요. 그러니 이 시기에 즐겨 보는 그림책이 아이의 정서와 인지 발달에 영향을 주는 것은 당연한 일입니다. 그런 면에서 인문독서를 시작하는 시기는 아이에게 책을 읽어주는 때부터라고 할 수도 있겠습니다.

인문독서가 책을 통해 인간과 문화를 이해하는 것이라면 이는 책을 읽고 성찰할 줄 안다는 것인데요, 이것은 몇 살부터 가능할까요? 여러 심리학자가 내놓은 연구에 따르면 아이의 뇌가 3년 이상 발달해야 자아에 대해 지속적으로 기억할 수 있다고 합니다. 다른 연구에서는 생후 2~3세가 되면 슬픔, 상처, 분노, 희망, 바람, 관심, 행복과 같은 단어를 비롯해 감정을 나타내는 단어를 사용하기 시작한다고 합니다. 이 시기의 아이는 생각해, 알고 있어, 믿어, 기억해, 추측해 같은 어휘를 활용해 부모와 인지적인 대화를 나누기 시작합니다. 물론 아이마다 약간씩 개인차가 있습니다.

이런 실험을 바탕으로 종합해볼 때 초기 자아 성찰이 가능한 시기는 3세 이상이고, 이 무렵부터 책을 읽어주면서 책 속의 등장인물의 행동에 대한 추론을 시작할 수 있다는 것입니다. 추론이란 겉으로 드러난 행동이나 말을 보고 착하다, 고집이 세다 등과 같이 판단하는 사고를 말합니다. 이런 추론이 깊이 있는 성찰로 이어지려면 책을 읽으면서 지속적인 대화를 해야 합니다.

따라서 기본적인 추론 능력을 갖추기 시작하는 만 3세 무렵부터 부모가 자녀에게 책을 읽어주면서 적절하게 대화를 나누는 것이 가능하다고 할 수 있겠습니다. 하지만 좀 더 깊이 있는 대화가 가능하려면 대체로 열 살 정도가 되어야 합니다. 열 살 무렵만 되어도 아이는 인물의 상황과 처지에 따른 감정의 동기와 의도를 어느 정도 알아차릴 수 있습니다. 책 속에 다 드러나 있지 않아도 아이는 상상력과 이해력을 통해 인물들 간의 관계와 심정을 추론할 수 있습니다.

정리해보면, 인문독서는 책을 읽어주면서 대화를 나누는 때부터 가능하지만 본격적인 추론과 성찰은 열 살 무렵부터 이루어진다고 할 수 있습니다.

04

세상일에 대한
호기심을 키워라

열두 살 아이의 변화

1995년 캐나다 토론토에 살고 있던 열두 살 크레이그 킬버거는 우연히 신문을 보다가 어떤 기사 제목에 눈이 멈췄습니다. '12세 소년 노동운동을 하다가 피살되다'라는 제목이었지요. "열두 살이면 나와 같은 나이인데" 하며 크레이그는 기사를 찬찬히 읽었습니다.

1982년에 파키스탄에서 태어난 이크발 마시흐는 부모가 진 빚 때문에 네 살 때 카펫 공장에 끌려갔습니다. 하루 열두 시간씩 강제노동에 시달렸지만 열 살이 되었을 때 빚은 오히려 처음 빌렸던 액수의 스무 배로 늘어났지요. 이크발은 공장에서 도망쳐 나와 경찰에 도움을 청했지만 다시 주인에게 넘겨져 무서운 매질을 당해야 했습니다. 다시 탈출을 감행한 이크발은 파키스탄의 '노예노동 해방전선'에서 일하던 에샨 울라 칸의 강의를 듣고 어린이 강제 노동이 불법이라는 걸 알게 됩니다.

칸의 도움으로 자유의 몸이 된 이크발은 학교에 다니게 되었고, 파키스탄 곳곳을 돌면서 어린이 노예 노동의 문제점을 지적하는 강의를 했습니다. 그 덕분에 수천 명의 어린이가 강제 노동에서 해방되었지요. 이런 활동을 인정받아 1994년 이크발은 '리복 국제 인권 재단'에서 주는 '행동하는 청년 상'도 받았습니다. 하지만 1995년 부활절 날 집 근처에서 한 농부가 쏜 총에 맞아 숨을 거두고 맙니다. 파키스탄의 카펫 공장 주인들에게 이크발은 눈엣가시였기 때문에 그들의 소행으로 짐작할 뿐 범인은 밝혀내지 못했다고 합니다.

이크발 마시흐 이야기는 전 세계적으로 많이 알려진 사연입니다. 그만큼 충격을 던져주었지요. 저는 이크발보다 캐나다 소년 크레이그에게 초점을 두고 말하고자 합니다. 이크발과 나이가 같았던 크레이그는 이 신문 기사를 읽고 충격을 받았습니다.

크레이그는 세상에 아직도 노예가 존재한다는 것과 아동들이 부모의 빚 때문에 강제 노동을 해야 한다는 사실에 몹시 충격을 받았어요. 그래서 아동 노동에 대해 더 알아보기 위해 도서관으로 달려갔습니다. 많은 책을 읽은 후 크레이그는 이루 말할 수 없는 감정에 휩싸였고, 친구들에게 "어린이가 어린이를 돕자!"고 건의를 합니다. 그리고 '어린이에게 자유를(프리더칠드런FreeTheChildren)'

이라는 단체를 만들었지요.

크레이그는 여기서 그치지 않습니다. 8개월 후 부모님을 설득하여 남아시아 5개국을 순방합니다. 이 여행은 크레이그 일생에 결코 잊을 수 없는 여행이었어요. 여행을 통해 그는 생각했던 것보다 훨씬 많은 아동이 노동에 시달리고 있으며 가난 때문에 고통받고 있음을 알게 됩니다. 화약 공장에서 일하다가 평생 불구가 되거나 목숨을 잃은 아이들, 가족의 빚 때문에 벽돌 가마에 노예로 팔려간 아이들, 길거리에서 깡패들에게 얻어맞으며 본드에 중독된 아이들, 매음굴에 팔려가는 여자아이들, 병원에서 사용한 주사기를 맨손으로 만지는 아이들.

크레이그는 그 후 꾸준히 어린이를 돕는 일을 계속했고, 지난 20년 동안 50개국에 400개가 넘는 학교를 설립하고, 물과 의약품을 제공했습니다.

누구나 이런 끔찍한 기사를 읽으면 마음이 아프다고 느끼지만 대부분 거기까지입니다. 수많은 사람이 그 기사를 읽었지만 크레이그처럼 행동하지는 않았지요. 크레이그의 삶을 바꾼 것은 그날 보았던 신문 기사가 아니라, 그 기사를 읽고 어린이 노동 현실에 대해 관심을 가졌다는 사실입니다.

작고 사소한 일이라도 아이를 참여시켜라

열두 살 아이가 세상일에 관심을 보일 때 부모는 어떻게 해야 할까요? 혹시 그런 것은 나중에 커서 대학에 들어간 다음에 하라고, 지금은 공부를 해야 할 때라고 말하는 분도 있겠지요. 또 그런 것은 한 개인이 도움을 준다고 해서 해결될 일이 아니고, 국가적 차원에서 해야 하는 일이라고 말할 수도 있을 것입니다.

하지만 저는 아이가 다른 사람의 불행한 일을 보고 그냥 지나치지 않고 돕고 싶어 한다면 부모가 진지하게 들어주고 행동으로 옮길 수 있도록 도움을 줘야 한다고 생각합니다. 오히려 아이가 세상일에 관심을 갖도록 하는 것이 마땅합니다. 학교, 동네, 친구들의 일에 관심을 갖게 하고, 사회에서 벌어지는 문제에 귀를 기울이게 하며, 그것에 관해 이야기를 나누어야 합니다. 앞에서 말한 크레이그가 불행한 아이들을 돕고자 도서관에 가서 책을 보았듯이, 세상사에 관심이 생기면 더 책을 읽게 됩니다. 책을 읽고자 하는 동기가 일어나지요.

관심사가 생기고 해결하고 싶은 문제가 생겨야, 하고 싶은 열정이 생깁니다. 뭔가를 하다 보면 고민거리가 생기게 마련이고, 그것을 해결하기 위해 책을 뒤적거리고 파고들게 될 것입니다. 그러므로 아이가 세상일에 관심을 가질 때 그 기회를 잘 포착하여 관심을 적극적인 흥미로 발전시키고 구체적인 일을 하도록 촉진자 역할을 해야겠지요. 또 신문이나 뉴스, 체험 활동을 하면서 관심을 갖도록 기회를 주어야 합니다. 그러려면 하루에 10분 정도 시간을 내어 주요 뉴스를 함께 시청하면서 이야기를 나눌 필요가 있습니다. 매체도 책처럼 함께 읽어야 하니까요.

제 주변에 그런 아이들이 꽤 있습니다. 독서도 싫고 학교도 싫고 오로지 게임만 좋아하던 아이가 체험 활동을 계기로 독서에 흥미가 생긴 경우이지요. 단순히 돕고 싶다는 마음에서 시작되었지만 그들을 도우려면 그 나라의 상황과 문화를 알아야 하고 사람에 대한 깊은 이해심이 필요하다는 것을 알게 됩니다.

요즘은 전쟁, 인권, 노동, 의료, 역사, 건강, 환경, 동물복지, 공정무역 등 아이가 세상일에 관심을 갖게 하는 책이 정말 많습니다. 알고 보면 모든 책이 세상사 이야기이지요. 그런데 책을 읽으라고 하면 '공부'를 떠올리고 싫어하는 아이들이 있습니다. 책을 제대로 읽지 못하는 아이들도 있고요. 그럴 때에 아이들과 '일'을 꾸미는 게 좋습니다. 아이가 흥미를 갖고 있는 일을 한 가지씩 해보는 것입니다.

너무 어리지 않느냐고 말하는 분도 계실지 모르겠습니다만, 결코 그렇지 않습니다. 작은 일, 사소해 보이는 일부터 아이가 참여하도록 하면 됩니다. 『세상을 바꾼 용기 있는 아이들』에 나오는 알렉산드라 스콧은 소아암 환자를 돕고자 레모네이드를 팔았는데, 그때가 불과 다섯 살이었습니다. 인문학 공부는 이 세상에 관심을 갖는 것으로 시작해야 합니다. 우리는 더불어 함께 잘 살아가기 위해 인문학 책을 읽고 통찰력을 기르려고 하는 것이니까요.

05

마음을 흔드는
질문이 필요하다

『돼지가 있는 교실』 속 교육법

제가 어릴 적만 해도 집집마다 돼지를 길렀습니다. 어디 돼지뿐
인가요, 소도 키우고 염소도 키우고 토끼도 키웠지요. 그 당시 농
촌 아이들 대부분이 그랬듯이 가축 기르기는 아이들 몫이었습니
다. 밥 먹고 나서 구정물에 모은 음식찌꺼기를 돼지에게 갖다주는
일부터 뒷산 솔밭에 염소를 매어두고서야 학교로 달려갈 수 있었
지요. 해가 지면 염소를 집으로 데려오고, 닭이랑 오리를 각각 우
리에 몰아넣는 것도 아이들 책임이었고요.

돼지우리에 쌓인 똥을 치우는 일은 주로 어른들이 했지만 바쁠
땐 아이들도 거들어야 했습니다. 똥을 치워주고 물로 시원하게 우

리를 청소해주면 돼지는 아무거나 잘 먹고 쑥쑥 자랍니다. 그리고 어느 날 동네에 잔치가 있는 날, 돼지는 그의 운명대로 제물이 되어 사람들의 몸속으로 들어가지요. 돼지 멱을 따는 순간 질러대던 비명소리는 얼마나 처절하였던가요.

『돼지가 있는 교실』에 나오는 돼지 P짱도 우리를 떠날 때 그렇게 울부짖었습니다. 앞발로 앙버티고 서서 비명을 지르며 온 힘을 다해 저항했지요. 그 슬픈 비명소리에 더는 견디지 못하고 그 자리에 주저앉아 우는 아이도 있었습니다. 대체 아이들은 P짱과 어떤 사연이 있는 것일까요? 이야기는 3년 전으로 거슬러 올라갑니다.

일본 오사카 북부의 한 초등학교에 갓 부임한 저자는 4학년 담임을 맡게 된 후 '학교에서 돼지를 기른다'는 다소 생소하고 이색적인 발표를 합니다. 아이들에게 생명과 음식의 소중함을 직접 몸과 가슴으로 경험하도록 하자는 교육적 소신의 결단이었지요. 그는 돼지 키우기를 통해 삶과 죽음에 대한 교육을 하고 싶었어요. 이론과 지식으로 하는 교육이 아닌 마음을 흔들어놓을 수 있는 수업을 하고 싶었던 것입니다.

그렇게 선생님과 아이들은 '잘 길러 크면 잡아먹는다'는 전제하에 돼지 키우기를 시작합니다. 그러자 돼지를 기른다는 놀라움은 곧 흥분과 설렘으로 바뀌었고, 아이들은 P짱이라는 이름까지 지어주며 우리도 직접 만들고 먹이와 목욕, 우리 청소에 이르기까지 아이들로선 결코 쉽지 않은 일들을 당번을 정해 척척 해냅니다.

하지만 돼지를 기른 지 3년, 아이들은 졸업을 앞두고 큰 고민에 빠지고 맙니다. 덩치가 커질 대로 커진 P짱을 어떻게 할 것인가를 두고 아이들 사이에서 열띤 토론이 벌어집니다. 3학년 후배들이 P짱을 키우도록 맡기자는 의견과 식육센터에 보내자는 의견이 팽팽하게 맞섰습니다. 여러 날에 걸친 길고 무거운 토론이 계속되어도 결론이 나지 않자 학부모들까지 회의에 참석하게 되고, 결국 졸업을 하루 앞두고 선생님은 최종 결단을 내립니다. P짱을 식육센터로 보낸다는 것이었지요.

선생님이 어렵게 내린 결정임을 알기에 조용히 수긍하면서도 아이들은 봇물 터지듯 나오는 눈물을 주체할 수가 없습니다. P짱을 죽을 때까지 키워야 한다고 주장했던 아이들도, 식육센터로 보내자고 했던 아이들도, 그런 결정을 한 선생님까지 모두 목 놓아 울었습니다.

좋은 교육에는 좋은 질문이 있다

저자가 돼지 키우기를 시작한 것은 생명과 삶, 죽음에 대한 수업을 해보고 싶다는 신념에서였습니다. 집단 따돌림, 등교 거부, 자살 등 아이들의 인권이나 생명과 연관된 문제가 산적해 있는 현실에서 아이들이 직접 '생명'을 키워봄으로써 진지하게 그 문제에 대해 고민해보는 장을 만들어보고 싶었던 것입니다.

돼지를 키우는 것은 결코 쉬운 일이 아닙니다. 지독한 냄새에 익숙해져야 하고, 똥을 치우고 청소하는 일도 매우 고된 노동입니다. 일회적으로 하는 것이 아니라 3년간 꾸준히 계속한다는 것도 어지간한 책임감 없이는 힘든 일이고요. 이 책의 아이들은 생명의 소중함을 책이나 머리로만 배운 것이 아니라, 그야말로 진흙투성이가 되어가면서 온몸과 마음으로 배웠습니다.

아이들을 가르치고 있는 저로선 자연히 저자의 교육 방식과 태도에 눈길이 갑니다. 이 책을 읽는 내내 '교사란 무엇을 하는 사람인가?'라는 생각을 했습니다. 저 역시 어린 시절 온갖 가축을 키우면서 자랐어요. 그런데 저는 한 번도 돼지를 도살장으로 보내기 전에 "왜 돼지는 사람을 위해 죽어야 하나요?"라고 진지하게 질문을 던져본 적이 없었습니다. 당연히 사람을 위해 죽어야 하는 것이 가축의 운명이라고 여겼기 때문이지요.

교육은 이렇듯 질문을 던지는 것입니다. "돼지의 생명의 길이는 누가 결정하는가?", "우리는 왜 돼지고기를 먹는가?"와 같은 질문을 던지고 그것에 대해 철학적 고민을 하도록 하는 것입니다. 그런데 제가 어렸을 때에는 어떤 선생님도 그것에 대해 물음표를 던지지 않았습니다.

만약 아이들이 애완동물을 키우듯이 돼지가 죽을 때까지 키웠다면 그토록 진지한 토론을 하게 되었을까요? 아이들의 고민은 그들이 키운 동물이 사람들이 매일 먹는 '돼지'였다는 데에 있었습니다. 동네 정육점이나 마트에 가면 쉽게 살 수 있는 돼지고기가 바로 그들이 3년간 키웠던 P짱일 수 있다는 사실, 그것은 아이들에게 얼마나 충격적인 현실이었을까요?

그래서 이 책 속의 6학년 아이들이 P짱을 어떻게 할 것인가를 두고 토론하는 모습은 정말 눈물겹도록 아름답습니다. 때로는 감정이 격해져서 상대방을 비방하기도 하고 울기도 하지만 선생님은 끝까지 그들이 나눈 이야기를 경청하고 존중합니다. "결론이 어느 쪽이라서 좋고 어느 쪽이라서 나쁘다고 하기보다는 그 과정에서 얼마나 깊이 있는 대화를 나눌 수 있는가 하는 점을 아이들과 함께 잘 마무리하고 싶습니다"라고 그는 말하고 있습니다.

학교에서 돼지를 기른다는 이 독특하고 이색적인 프로그램은 다큐멘터리로 제작되었습니다. 3년 동안의 돼지 키우기 사연이 고스란히 필름에 담기게 되었고, 텔레비전에 방영된 후 '훌륭한 교육이다'라는 의견과 '이것은 교육이 아니다'라는 의견이 팽팽하게 맞서며 사회에 큰 토론거리를 안겨주었지요. 이 책은 P짱을 보낸 후 10년 만에 나온 책으로, "돼지 P짱과 32명의 아이들이 함께 한 생명수업 900일"이라는 부제가 붙어 있습니다. 처음 돼지를 키우기 시작할 때부터 10년이 지난 현재에 이르기까지의 과정이 아이들이 쓴 글과 그림, 시와 더불어 생생하게 담겨 있습니다.

『돼지가 있는 교실』은 단순히 학교에서 돼지를 키워본 경험을 소개한 책이 아닙니다. 눈여겨볼 점은 바로 선생님이 아이들의 마음을 흔들어놓은 것입니다. 교육은 질문을 던져 마음을 흔들어놓고 고민하게 만듦으로써 사람과 세상에 대한 지평을 넓히도록 안내하는 것이니까요. 많은 경험을 한다고 해서, 책을 많이 읽는다고 해서, 저절로 통찰의 힘이 생기는 것은 아닐 것입니다. '누구와' 함께 읽느냐가 관건입니다.

06

상상적 공감력에
주목해야 하는 시대

타인 없이 나 혼자 행복할 것인가

제가 감명 깊게 읽은 책 중에 『단순한 기쁨』이란 책이 있습니다. 프랑스의 양심이라고 불렀던 아베 피에르 신부님이 아흔이 넘은 나이에 쓴 자전적 에세이입니다. 그는 신앙심 깊은 상류층 가정에서 성장했습니다. 열아홉 살에 모든 유산을 포기하고 카푸친 수도회에 들어가 신부가 되었으며, 제2차 세계대전 때에는 레지스탕스의 투사로 활약하다가, 전쟁 후에는 잠시 국회의원에 당선되어 활동하기도 했습니다. 1949년부터 '엠마우스Emmaus'라는 빈민구호 공동체를 만들어 평생을 집 없는 가난한 사람들, 소외된 사람들과 함께했지요. 엠마우스는 현재 전 세계 44개국 350여 개의 단체가 활동하고 있습니다. 그의 일생을 다룬 영화 〈겨울54〉는 1989년 세자르 영화상을 수상했는데, 집 없는 사람들, 실업 문제를 사회적인 이슈로 끌어들이는 기폭제가 되기도 했답니다.

이 책에서 피에르 신부가 계속 힘주어 강조하고 있는 것은 '공감'입니다. 프랑스의 실존주의 철학자로 알려진 샤르트르가 "타인은 지옥이다"라고 한 것에 대해 그는 '타인 없는 나'야말로 지옥이라고 말합니다. 즉, 타인과 단절된 자기 자신이야말로 지옥이라는 뜻입니다. 그래서 '타인 없이 나 혼자 행복할 것인가, 타인과 더불어 행복할 것인가?' 이것이 우리가 날마다 내려야 할 근본적인 선택이라고 그는 강조합니다.

피에르 신부는 공감을 함으로써 용서하게 된다고 말합니다. 실제로 그는 제2차 세계대전 때 자신에 대한 정보를 독일군에 제공한 친구를 용서했어요. 그 친구 때문에 사형을 당할 뻔했다가 간신히 도망쳐 목숨을 구했던 피에르 신부는 전쟁 후 전범 재판 때 그를 위해 변호를 해주었던 것입니다. 피에르 신부는 말합니다. 천국은 무한한 공감이 이루어지는 곳이라고.

상상적 공감력, 책 읽기로 키운다

『해리포터』를 쓴 조앤 롤링은 20대에 국제구호단체에서 일한 적이 있었다고 합니다. 그는 구호단체에서 일하면서, 인간의 위대한 능력은 '상상적 공감'이라는 것을 실감했다고 말합니다. 구호단체에 도움을 준 수많은 사람 중에는 한 번도 굶주림이나 가난을 경험하지 않은 사람도 많았어요. 그런데도 기꺼이 자신을 희생하여 고통받는 사람을 위해 나섰다는 것은 상상적 공감이 없으면 불가능한 일이라는 것이지요.

그렇다면 책을 통해 상상적 공감력을 기를 수 있을까요? 너무도 당연한 말이지만 독서를 하는 과정 그 자체가 상상적 공감의 과정입니다. 문학 작품을 읽으며 등장인물의 말과 행동을 통해 그 마음을 헤아리게 되고, 인간 본성에 대한 깊은 이해심을 갖게 됩니다. 또한 설득력 있는 글을 읽으면서 저자의 생각에 고개를 끄덕이고 공감을 함으로써 마음의 힘을 키우지요.

부모 중에는 『몽실언니』나 『괭이부리말 아이들』처럼 요즘 아이들이 공감하기 힘든 책을 굳이 읽힐 필요가 있냐고 묻곤 합니다. 소설의 배경이 요즘이 아니어서 아이에게 낯설고 잘 이해가 안 될 수도 있다는 논리입니다. 일차적으로 쉽게 공감이 갈 수 있는 책을 권하는 것은 맞지만, 그렇다고 일부러 안 읽힐 필요는 없지요. 오히려 부모와 함께 읽으며 소설 속 시대 모습이나 그 시대 사람들의 생각을 상상해보도록 하는 게 좋습니다. 우리 인간은 시간과 공간을 뛰어넘어 상상할 수 있는 놀라운 능력이 있으니까요. 사람들은 2,500년 전에 나온 『논어』도 읽고 2,000년이 다 된 『성경』도 읽습니다. 물론 그러려면 이런 고전을 읽는 재미와 가치를 알아가는 맛들이기, 즉 길들이기가 필요하겠지요.

인문독서,
어떤 책을 읽어야 할까?

최근 인문학 열풍 속에 인문학이라는 이름을 걸고 많은 책들이 출판되었습니다. 어린이, 청소년을 위한 인문학 도서들도 많이 늘었습니다. 부모 입장에서 어떤 책을 골라주어야 할지 고민이 될 것입니다. 사실 인문학의 개념을 문학, 역사, 철학에 국한하지 않고 과학, 사회, 예술 분야까지 넓혀 생각한다면 거의 모든 책이 인문학 관련 책이라고 할 수 있습니다.

책을 고르는 가장 일반적인 기준은 첫째, 흥미와 친밀성입니다. 자기가 관심 있어 하고 좋아하는 분야의 책을 골라 읽어야 재미있고 계속 읽고 싶어집니다. 동기가 열정을 일으키니까요.

둘째는 독서 수준입니다. 흥미가 있어도 막상 읽으려고 했을 때 책 수준이 너무 어려우면 포기하기 쉽습니다. 혼자 읽을 때에는 적어도 70퍼센트 이상의 독해가 가능한 책이 적당하고, 부모와 함께 읽을 때에는 50퍼센트 이상의 독해가 가능한 책이 좋습니다.

셋째는 책의 내용입니다. 흔히 좋은 책이라고 인정받은 책을 고르는 게 좋지요. 베스트셀러는 유행을 타긴 하지만 많은 사람이 즐겨 읽은 책이므로 선택했을 때 크게 후회하지는 않습니다. 베스트셀러나 자기계발서에 대한 거부감을 강하게 갖고 있는 사람도 있겠지만, 독자로서는 처음부터 선입견을 갖고 싫어할 게 아니라 어떤 책이든 접해보고 평가할 수 있는 기회로 삼는 게 바람직합니다. 특히 베스트셀러는 그 시대 사람들이 많이 보았다는 점에서 꼭 읽어야 할 필요성이 있습니다. 책도 그 시대의 아이콘이요, 문화 현상입니다. 우리는 시대를 읽어내고 문화를 통해 소통하며 살아가야 하므로 베스트셀러도 읽을 가치가 있는 것이지요.

넷째는 저명한 저자와 출판사를 고려하는 것입니다. 책 고르기가 막막할 경우 대체로 이름난 저자와 권위 있는 상을 받은 책, 어린이, 청소년 책을 전문적으로 내는 출판사를 우선적으로 선택하는 게 안정적입니다. 그밖에 공공도서관이나 독서교사모임, 시민단체 등에서 권장하는 책들도 믿을 만합니다.

이 책의 말미에 부록으로 초등 인문독서를 위한 추천도서를 소개해 두었습니다. 전체 150권의 도서를 저학년과 고학년으로 나누고 필요한 영역별로 세분화한 것입니다. 어떤 책을 고를지 막막한 분들에게 추천도서가 도움이 될 것입니다. 또한 추천도서 목록을 활용하여 좋은 책 고르는 방법을 자연스럽게 익힐 수 있을 것입니다.

⊙ ⊙ ⊙

사람은 뇌에 재미있는 기억으로 인식된 것은 다시 하고 싶어 합니다. 특히 어릴 때 갖게 된 그런 느낌은 아주 중요합니다. 재미를 만끽한 사람은 계속 재미를 느끼고 싶어 하기 때문에 재미를 추구합니다. 이는 책을 읽을 때 행복하다는 경험을 많이 한 아이에게도 해당됩니다. 책을 읽을 때 행복하다는 경험을 계속 느끼고 싶기 때문에 스스로 행복을 만들어냅니다. 이렇게 책을 읽는 행복이 습관처럼 자리잡은 아이들은 그다지 재미없는 책일지라도 재미있는 요소를 찾아내어 재미있다고 느낍니다.

Chapter 3

초등, 왜 인문독서인가

"오늘의 나를 있게 한 것은 우리 마을의 도서관이었다.
하버드 졸업장보다 소중한 것은 독서하는 습관이다."
- 빌 게이츠

01

열 살 이전,
책 읽기의 행복이 새겨지는 시기

세 살 독서습관이 여든 간다

책을 읽을 때 행복하다는 생각은 언제, 어떻게 시작되었을까요? 사람마다 다 다르겠지만 대개는 어릴 적 좋은 기억이 뇌에 저장되어 있어서 그렇겠지요. 사람의 뇌는 평생 변화를 거듭하긴 하지만 어릴 적 경험, 특히 열 살 이전의 경험은 참 중요합니다. 많은 뇌과학자들이 강조하는 말이지요. 뇌 과학자들에 따르면 사람은 열살 이전에 경험했던 뇌가 평생 동안 영향을 미친다고 합니다.

아이는 어떻게 책을 좋아하게 될까요? 무언가를 좋아하게 된 과정을 가만히 생각해보세요. 처음부터 그 일에 흥미가 생겨서 좋아하게 되었을까요? 그 일을 함께한 사람이나 상황이 즐거웠던 것일까요? 사람의 성격에 따라 조금 다를 수 있겠지만 일반적으로는 일 자체보다는 사람이나 상황, 분위기가 좋아서 그 일을 좋아하게 되는 경우가 많습니다.

책 읽기도 마찬가지입니다. 아이가 처음 책을 접하게 된 순간을 떠올려보세요. 엄마나 아빠가 책을 들고 "보여줄까?" 하면서 아기가 책에 관심을 갖도록 유도합니다. 아기는 엄마 아빠가 들고 있기 때문에 그 책에 흥미를 갖게 되고, 엄마 아빠의 행복한 표정과 다정한 목소리가 좋아서 집중을 합니다. 부모와 함께 있는 그 순간이 좋은 것입니다. 그러다가 차츰 책에 들어 있는 그림과 이야기에 흥미를 갖게 됩니다. 보통 태어나서 만 3, 4세 무렵까지는 책 읽는 것을 놀이로 여기는 시기라고 할 수 있습니다. 책은 참 좋은 장난감이다, 책 읽는 것은 정말 재미있다, 라는 생각을 갖게 되면 앞으로 평생 책을 좋아하게 될 가능성이 매우 높습니다. 세 살 버릇 여든 간다는 말이 있듯이 말이지요.

이 시기를 지나면 아이들은 점점 책 속의 이야기에 흥미를 가집니다. 아이들은 상징놀이와 가상의 이야기를 즐깁니다. 가상의 이야기 속에 푹 빠져서 이야기 속 주인공을 자신과 동일시하지요. 옛이야기를 들려줄 때 아이의 표정이나 태도를 한 번 자세히 보세요. 아이들은 옛이야기를 진짜로 여긴다는 것을 알 수 있습니다. 아이들은 꼭 "진짜 있었던 이야기예요?" 하고 묻지요. 그럴 때 부모는 "옛날이야기야" 하고 대답해주세요.

열 살까지의 아이는 옛이야기가 진짜라고 믿습니다. 불우한 처지이거나 불쌍하고 약한 주인공이 시련을 극복하고 행복하게 되는 이야기를 읽을 때 아이는 마치 자신도 그렇게 될 것이라고 믿습니다. 순수한 믿음으로 말이지요. 행복한 결말로 끝나는 영웅의 이야기는 아이의 마음속에 깊이 각인됩니다. 이런 옛이야기의 매력은 아이 내면에 힘과 용기를 심어줍니다. 콩쥐가 계모의 구박을 잘 견디고 행복하게 되는 이야기를 읽으면서 아이는 콩쥐와 함께 진정으로 행복을 느낍니다. 주인공이 나쁜 괴물을 물리칠 때 자신의 내면에도 그런 용기가 있다는 것을 느낍니다. 이렇듯 신화는 사람을 신나게 합니다. 그래서 아이는 계속해서 같은 이야기를 또 해달라고 조르지요. 들을 때마다 행복하기 때문입니다. 꼭 옛이야기가 아니어도 좋습니다. 모든 이야기는 옛이야기에 뿌리를 두고 있기에 그 형식은 같습니다.

옛이야기, 살아갈 용기를 심어주다

아이들이 옛이야기를 들을 때 행복해하는 까닭은 또 있습니다. 옛이야기에는 희망이 있기 때문입니다. 이야기 속 주인공은 대부분 신체적으로나 집안으로 보나 뭔가 모자랍니다. 하지만 포기하지 않고 살아가다 보면 누군가 도움을 주는 은인이 나타나지요. 이 얼마나 든든하고 희망적인 내용인가요? 세상에 이런 우연한 '은총'이 없다면 얼마나 삭막하고 힘 빠지는 일일까요? '포기하지 않고 살면 좋은 일이 생길 것이다'라는 믿음과 희망이야말로 삶을 살아가게 하는, 앞으로 나아가게 하는, 성장의 원동력입니다. 이런 희망이 있기에 사람들은 무슨 일이 일어날지 모르는 미래를 향해 배를 저어가는 것이지요.

옛이야기를 읽어줄 때 아이에게 의도적으로 도덕심이나 윤리의식을 심어주려는 것은 자제하는 편이 좋습니다. 옛이야기는 '착한 사람이 복을 받는다'고 하는 단순 공식으로 해석할 수 있는 책이 결코 아닙니다. 옛이야기 주인공이 착한 행동을 한 결과로 복을 받은 경우가 많지만, 그래도 아직은 착하다, 지혜롭다와 같은 가치평가를 내리는 것은 조금 성급하다고 할 수 있습니다. 아이가 자연스럽게 느끼도록 놔두는 것이 더 좋습니다. 아이들은 책 속 주인공이 행복하게 된 이유가 착했기 때문이라고 여길 때, '나도 착한 아이가 되어야지' 하고 자연스럽게 내면화하게 됩니다. 그래도 옛이야기의 핵심은 주인공의 선한 행동에 초점이 있는 것이 아니라 주인공이 문제를 해결해가는 과정에서 보여주는 모험심과 용기에 더 초점이 있습니다. 집을 떠나 낯선 환경에서 낯선 사람을 만나서 이야기를 나누고 난관을 헤쳐 나가는 영웅의 활약이 핵심입니다. '착해야 복을 받는다'와 같은 생각을 지나치게 강조하게 되면, '난 안 착하니까 벌을 받을 거야' 같은 불안감이 생겨날 수도 있습니다.

이솝우화 〈개미와 베짱이〉에서 아이들은 심리적으로 누구를 더 자신에 가까운 인물이라고 여길까요? 아이들은 게으르고 자기

맘대로 행동하는 베짱이에게 동일시하기 쉽습니다. 그런데 그 베짱이가 추운 겨울에 배고픔에 시달리다 개미네 집에 구걸하러 갑니다. 원본에서는 베짱이가 굶주려서 죽는 것으로 나온다고 합니다. 아마 어른들은 이 이야기를 통해 아이가 베짱이처럼 제 맘대로 하기보다 개미처럼 의젓하고 부지런하게 내일을 준비하는 사람이 되라는 뜻으로 이 우화를 들려주겠지요. 하지만 아이들은 베짱이의 비참한 최후를 보면서 자신도 그렇게 될까 봐 불안해할 것입니다.

열 살 무렵까지 아이는 책 속 이야기를 진짜로 생각합니다. 그래서 그림책에 나온 험상궂은 괴물을 보면 실제 본 것처럼 무서워하지요. 낯선 책을 읽는 것은 낯선 세상을 모험하는 것과 비슷합니다. 낯선 책에서 낯선 인물들을 만나면 두렵고 떨리지요. 그래서 혼자 책을 읽기보다 든든한 어른과 함께 읽으면 편안한 마음으로 책을 읽게 됩니다. 이렇게 함께 읽기가 충분히 된 후에는 혼자서도 낯선 책을 스스럼없이 읽게 될 것입니다.

결국, 아이가 책을 읽으면서 행복을 느끼도록 하려면 주인공이 어려움을 극복하여 행복하게 끝나는 이야기를 읽어주어 마치 자신이 행복하게 되는 것 같은 체험을 하도록 하는 게 좋습니다. 아이들은 비슷한 형식의 영웅 이야기를 반복적으로 읽고 또 읽음으로써 자기 내면의 힘과 용기를 확인하고 희망을 갖고 살아갈 준비를 하는 것입니다.

좋은 부모란 어떤 부모일까요? 아마 아이에게 살아갈 희망을 주는 부모일 것입니다. 희망이 있어야 열정이 솟아나니까요. 그런 면에서 어른이 아이에게 이야기를 들려주는 것은 선택이 아니라 반드시 꼭 해야 할 의무라고 할 수 있습니다.

행복한 책 읽기로 생존력을 기른다

그렇다면 옛이야기의 재미가 뇌에 어떤 영향을 미칠까요? 사람은 뇌에 재미있는 기억으로 인식된 것은 다시 하고 싶어 합니다. 특히 어릴 때 갖게 된 그런 느낌은 아주 중요합니다. 재미를 만끽한 사람은 계속 재미를 느끼고 싶어 하기 때문에 재미를 추구합니다. 심지어 재미가 없는 상황마저도 재미있는 것으로 바꾸기도 합니다. 재미있음을 계속 느끼려면 스스로 재미를 창조할 수 있어야 하니까요.

이는 책을 읽을 때 행복하다는 경험을 많이 한 아이에게도 해당됩니다. 책을 읽을 때 행복하다는 경험을 계속 느끼고 싶기 때문에 스스로 행복을 만들어냅니다. 이렇게 책을 읽는 행복이 습관처럼 자리잡은 아이는 그다지 재미없는 책일지라도 재미있는 요소를 찾아내어 재미있다고 느낍니다. 이런 아이는 어떤 책을 읽어도 재미있게 읽고야 말겠다는 의지와 재미있게 읽는 기술을 갖고 있다고 볼 수 있습니다. 아이들을 잘 관찰해보면 알 수 있습니다. 책 읽는 행복이 뇌에 저장되어 있지 않다면 조금만 지루해 보여도 재미없다고 투덜거립니다.

뇌 과학자들이 열 살 이전에 이미 '생존력'이 세팅된다고 말하는 것도 이런 이유에서입니다. 여기서 생존력이란 어떻게 해야 스스로를 즐겁게 할 것인지, 덜 상처받을 수 있는지 알고 대처하는 능력입니다. 그런 면에서 옛이야기를 읽는 효과는 이야기 자체가 주는 요인보다도 이야기를 읽으면서 재미를 느끼는 능력을 기르는 데 있다고 볼 수 있습니다.

학교에서 수업을 받을 때 태도도 마찬가지입니다. 그저그런 작업을 할 때에도 재미있다고 마냥 신나서 하는 아이가 있고, 아무리 선생님이 재미있게 해도 재미없다고 투덜거리는 아이가 있습니다. 특정 교과목에서만 그러는 게 아니라 매사에 그렇다면 그것은 책을 읽으면서 재미있었던 느낌, 행복했던 경험이 없기 때문이라고 봐야 합니다. 물론 학교생활이 즐거운가 안 즐거운가는 독서 능력 외에도 관계 속에서 행복을 느낄 줄 아는 능력, 새로움이나 낯선 것을 극복하고 친밀하게 만드는 능력 등 많은 요인이 작용합니다.

생존력이란 인생을 살아가는 데에 가장 기본이 되는 능력, '본질적'인 틀과 같은 것을 말합니다. 열 살 이전에 이런 생존력을 기르려면 즐겁다, 행복하다고 느끼는 기회를 많이 만들어주어야 합니다. 스스로 재미있음을, 행복함을 느끼다 보면 행복을 만들어가는 능력, 생존력을 기르게 됩니다. 그런 면에서 볼 때 열 살 이전의 아이에게 옛이야기는 이야기의 힘보다 어쩌면 놀이로서의 힘이 더 강하게 작용한다고 볼 수 있습니다.

02

열 살 이후,
공감력을 키우는 최적기

공감 추론 이끌어내기

열 살이 넘은 후에는 어떻게 해야 아이가 책을 읽으면서 행복을 느끼도록 도울 수 있을까요? 열 살이 넘었는데 책 읽기를 좋아하지 않거나, 읽긴 해도 즐기지 않는 경우, 또 스스로 책을 읽으려고 하지 않는 경우라면 아이가 책을 통해 행복을 느끼고 있지 않다는 증거일 것입니다. 그렇다면 어떻게 해야 할까요?

열 살 무렵이 되면 아이는 점점 자기중심적인 사고에서 벗어나 타인의 관점에서 공감하려는 시도를 하게 됩니다. 어려서부터 일상 안에서 부모로부터 공감을 받고 자랐다면 책을 읽을 때에도 공감력이 클 것입니다.

앞에서 열 살 이전의 아이들은 옛이야기를 들으면서 주인공을 자신이라고 여긴다고 했는데, 이것은 공감능력과는 조금 다릅니다. 주인공과 동일시하는 것은 주인공이 자신이라고 순수하게 믿어버리는 것입니다. 하지만 보통 책을 읽고 공감을 한다는 것은 주인공의 감정에 동의한다, 이해한다, 혹은 주인공의 관점에서 바라볼 줄 안다는 것을 의미합니다. 즉, 다른 사람의 입장, 그 상황에서 그런 감정을 느꼈음을 알아차리는 것입니다. 일종의 '추론'이라고 할 수 있습니다.

책을 읽으면서 추론한다는 것은 책 내용을 자신의 배경지식과 경험에 비추어 해석해보고 판단하는 것입니다. "아, 이래서 그랬구나!" 하고 지각하는 것입니다. 열 살이 넘으면 이제 책 내용을 자신의 경험에 연결지어 생각해보고, 평가를 하기 시작합니다. 추론이 '성찰'로 발전하는 것이지요.

예를 들어볼까요? 『짜장 짬뽕 탕수육』이라는 재미있는 동화가 있습니다. 주인공 종민이는 초등학교 3학년입니다. 시골에서 도시로 전학을 왔는데 반 친구들이 종민이를 놀립니다. 쉬는 시간에 화장실에서 볼일을 보고 있는데, 덩치 큰 아이가 들어와 소변기를 가리키면서 왕, 거지, 왕, 거지 하고 소리칩니다. 종민이 앞의 소변기는 거지 쪽이 되었지요. 친구들은 모두 왕이라고 지정한 소변기 앞에 줄을 서면서 종민이를 거지라고 놀립니다.

놀림을 받아 속상한 종민이는 어떻게 이 난관을 해결할까요? 종민이는 반전을 시도합니다. 먼저 화장실에 뛰어가 소변기를 하나씩 가리키면서 짜장, 짬뽕, 탕수육이라고 외칩니다. 그리고 자신은 짜장이라고 가리킨 소변기 앞에 줄을 섭니다. 친구들은 잠시 머뭇거리다가 난 짬뽕이 좋아, 탕수육이 좋아, 하면서 좋아하는 메뉴의 소변기 앞에 줄을 서지요. 종민이의 지혜가 놀랍지요.

이 이야기를 함께 읽을 때 초등학교 3학년 독자는 어떻게 추론을 할까요? 먼저 종민이가 얼마나 속상할지 그 감정을 추론해보는 것이 공감 추론입니다. 또 덩치 큰 친구는 왜 그렇게 했는지, 다른 남자친구들은 왜 덩치 큰 친구를 따라 했는지도 생각해봅니다. 한편 교실 안의 다른 아이들은 무엇을 하고 있었는지, 왜 그들은 모른 척했는지도 추론해봅니다. 이렇게 그때 상황을 곰곰이 들여다보고, 각각의 입장에서 느꼈을 감정과 생각을 추론해보는 것이 공감 추론입니다.

공감 추론은 생각보다 어렵습니다. 특히 책 속 인물이 겪은 것과 같은 경험이 없을 땐 더 그렇습니다. 만약 그런 경험이 있었어도 경험을 끄집어내려는 노력을 하지 않으면 떠오르지 않겠지요. 결국 자신의 경험이나 지식을 '생성'해내려는 노력이 필요합니다.

그런데 뇌에 있는 것을 생성하기가 귀찮고 싫을 수 있습니다. 책속 인물의 감정과 비슷한 감정을 느꼈던 경험을 찾아야 하기 때문입니다. 평소에 유추나 연상이 잘 되는 사람은 "아!" 하고 스파크가 일어나지만, 그렇지 않은 사람은 한참을 생각해보아야 합니다. 마치 컴퓨터에 저장된 파일을 얼른 못 찾고 뒤져야 하는 것처럼 말이지요. 아이들도 마찬가지입니다. "너도 종민이처럼 누군가에게 놀림을 받아서 속상했던 경험이 있었어?"라고 물었을 때 금방 떠올리는 아이도 있겠지만, 한참을 생각해보아야 하는 아이도 있습니다. 또 그때 느꼈던 감정이 어땠는지도 다시 떠올려야 하니 그도 쉽지 않습니다.

결국 무언가를 자주 떠올리고 빗대어서 비슷한 점을 유추하고 연상해보았던 경험이 많아야 공감력을 기를 수 있습니다. 그런 면에서 공감 추론 능력 역시 평소 대화를 많이 하던 습관에서 형성된다고 할 수 있습니다. 대화를 통해 '생성'하는 습관이 자연스럽게 형성된 아이들은 "비슷한 경험이 있어?", "그럴 때 어떤 감정일까?" 하고 물으면 금방 대답이 튀어나올 것입니다.

문제해결 능력을 키우는 대화법

공감 추론을 한 후에는 인물이 한 행동에 대해 판단을 내려봅니다. 덩치 큰 아이가 힘으로 친구를 괴롭힌 이유는 아마도 새로 전학 온 종민이에게 자신의 힘을 과시하여 종민이보다 자신이 더 힘이 세다는 것으로 존재감을 나타내려고 했을 테지요. 다른 친구들은 덩치 큰 아이에게 잘 보여야 학교생활을 편하게 할 수 있다고 여겼을 수도 있습니다. 침묵하던 다수의 반 친구들은 자기 문제가 아니어서 개입하기 싫어했겠지요.

그렇다면 덩치 큰 아이가 한 행동은 무엇이 문제일까요? 또 덩치 큰 아이를 따른 무리들은 어떤 점에서 문제가 있을까요? 침묵하던 다수의 반 친구들은 아무 잘못이 없는 걸까요? 현실적으로 요즘 학교에서 종민이처럼 지혜를 짜서 행동하는 학생이 있을까요? 현실과 책은 어떤 차이가 있을까요? 이런 질문을 던지면서 대화를 나누다 보면 깊이 생각하는 습관을 기를 수 있게 됩니다. 더나아가 종민이와 같은 상황에 처했을 때 어떻게 하는 것이 가장 좋을지도 생각해볼 수 있습니다. 또 힘센 아이가 횡포를 부릴 때 다수의 친구들이 어떻게 대응해야 폭력을 쓰지 않게 할 수 있는지도 생각해볼 수 있습니다. 즉, 문제해결 방법을 생각해낼 수 있는 것입니다.

위 내용을 정리해보면, 인물의 행동에 대한 공감을 하고, 그 행동의 문제점, 잘한 점을 판단한 후 문제점을 해결할 방법을 찾는다고 할 수 있습니다. 초등 중학년 아이들은 책을 통해 타인에게 관심을 갖도록 하는 것이 책을 통해 '행복'을 느끼게 하는 과정이라고 할 수 있습니다. 행복이란 나만 즐거움을 느끼는 것이 아니라 다른 사람과의 관계 속에서 공감하면서 느끼는 것이고 그렇게 하려면 책을 읽으면서 공감하려고 노력해야 한다는 것을 알아가는 시기입니다. 많은 발달심리학자가 초등 중학년 시기를 사회성을 기르기 적당한 때라고 말하는 것도 이런 까닭입니다.

초등 고학년, 책을 통해 세상을 보는 눈을 기르다

열두 살이 넘으면 어떻게 책 읽는 행복을 느끼게 도울 수 있을까요? 책 읽는 즐거움을 아직 모르는 아이라면 책이 즐겁다는 생각을 갖도록 소리 내어 읽어주거나 함께 읽고 이야기를 나누어보세요. 좋은 글을 소리로 듣는 것은 참 즐겁습니다. 귀가 즐거우면 계속 듣고 싶어지고 읽고 싶은 마음이 생겨납니다. 책만 봐도 도망갈 정도로 싫어한다면 그냥 이야기를 들려주는 것으로 시작해보세요. 역사 속 유명한 인물의 어린 시절 이야기나 옛이야기, 동화 등 재미있는 이야기를 들려주어 귀를 즐겁게 하는 것입니다.

그동안 쭉 독서를 즐겨온 아이라면 스스로 읽는 시간을 갖도록 격려하되 무슨 책을 읽는지 관심을 갖고 이야기를 나누는 시간을 갖길 바랍니다. 이 시기부터는 책 내용을 이해하는 데서 그치지 않고 책과 관련된 여러 정보들을 연결지어보는 노력이 필요합니다. 이때부터 아이들은 책을 통해 세상을 보는 눈을 기르기 시작합니다. 아이들은 국가, 민주주의, 자본주의, 공산주의, 대통령 중심제, 내각 책임제 같은 말들을 배우기 시작하지요. 『심청전』을 읽으면서 조선시대에는 효를 가장 중요한 가치로 여겼으며, 그것은 중국의 공자라는 분이 주장한 사상임을 알게 됩니다. 공자의 유교 사상이 사람들의 정신세계에 지대한 영향을 끼쳤고, 우리의 일상과 문화에 깊이 관련되어 있음도 눈치챕니다. 따라서 한 권의 책을 이해하려면 작가가 어떤 사람인지도 알아야 하고, 책이 지어진 시대와 당시 문화도 이해해야 한다는 걸 알아차립니다.

예를 들어 김구에 관한 인물 이야기를 읽을 때 김구가 왜 동학에 가담했고, 목숨 걸고 독립운동을 하려고 했는지를 알려면 당시 역사적 상황과 연결지어 이해해야 합니다. 이것이 책을 읽고 느끼는 행복과 어떤 관련이 있냐고요? 깊은 관련이 있습니다. 책을 읽고 느끼는 행복이란 '깨달음'을 의미합니다. 가슴에 찡하게 전달되는 정서적 감흥만이 아니라 '아, 훌륭한 삶은 이런 삶이구나!'라고 가치를 인식하고 발견하는 즐거움을 느끼는 것입니다. 책을 읽고 느끼는 행복이라는 것은 뭔가를 알아가는 것이고 깨달아가는 것임을 지각할 줄 아는 것이지요. 이 시기에는 막연하나마 세상엔 보편적으로 옳다고 여기는 가치라는 것이 존재하고 그것이 아주 중요하다는 것을 알아차립니다. 전에는 법은 무조건 지켜야 한다고만 생각했는데, 『홍길동전』을 읽으면서 법이란 사회정의를 위해 만들어진 것이므로 정의롭지 못할 경우 그것을 고치려는 노력을 해야 한다는 것도 깨달을 수 있습니다.

책 속의 인물이 품은 이상과 헌신적인 태도를 동경하고 본받고 싶다는 마음을 느낄 때 내적 흥분이 일어납니다. 이런 내적 흥분은 책을 많이 읽다 보면 스스로 발원되기도 하지만 대부분은 어른과 함께 읽으면서 대화를 나눌 때 깨닫게 됩니다. 어른이 책의 주제를 주입시키거나 설명해주어서가 아니고 적절한 질문을 던지고 이야기를 나누는 과정에서 "아하!" 하고 머릿속에서 불꽃이 번쩍하는 것입니다. 책을 스스로 읽는 습관을 길러주어야 한다고 생각하여 스스로 읽기만을 종용하지만, 함께 읽고 생각을 주고받는 시간도 반드시 필요합니다. 한 권의 책을 읽으면서 공감하고 소통하는 즐거움을 느끼는 그 순간이 바로 행복한 순간 아닐까요?

03

평생 인성,
초등 인문독서에 달렸다

인성을 키우기 위한 첫 단추, 자기 수용

책 읽기를 통해 착한 사람, 인성이 좋은 사람이 될 수 있을까요? 당연히 될 수 있습니다. 왜냐하면 책 자체가 인성 교과서이기 때문이지요. 책은 한 사회에서 보편적으로 옳다고 여기는 정신을 담고 있습니다. 그러니 책을 읽다 보면 자연스럽게 깨닫게 됩니다. 어려서 읽는 옛이야기는 선한 사람, 악한 사람이 나뉘어 있는 경우가 많습니다. 옛이야기 연구자들에 따르면 이분법적으로 보이는 이런 구도는 사람들로 하여금 은연중에 착한 사람이 되고 싶다, 좋은 사람이 되어야겠다는 마음을 갖게 한다고 합니다. 어릴 때는 선악의 구분이 뚜렷해야 선을 지향하는 쪽으로 정신이 향하기 때문이지요. 열 살이 넘어가면 아이들은 악한 사람이 악하게 될 수밖에 없었던 이유를 살필 수 있는 시야가 생기고, 이런저런 상황과 배경을 보면서 맥락 속에서 책 속 등장인물을 판단합니다.

그런 면에서 어린 시절에 읽는 옛이야기가 어린이들의 도덕성 형성에 도움이 된다고 주장하는 학자들이 많습니다. 다 그런 것은 아니지만 대부분의 옛이야기 주인공은 착하기 때문에 복을 받습니다. 그래서 옛이야기를 읽는 아이들도 자기를 착한 주인공과 동일시하고 자신도 착한 사람이 될 것이라고 믿습니다.

인성은 살아가는 데 기본적으로 갖추어야 할 사람됨의 태도를 말합니다. 가장 중요한 태도는 무엇일까요? 인성에 대한 여러 이론서를 보면, 그 첫 단추가 '자기 수용'입니다. 자기 수용이란 현재 자신의 처지와 상황을 있는 그대로 인정하고 받아들이는 것을 말합니다. 자존감과 유사한 개념이지요. 자존감은 자신을 긍정적으로 평가하고 스스로를 소중한 사람으로 존중하는 마음을 말하지요.

이미 많은 연구를 통해서 잘 알려졌듯이, 자존감은 자신을 키워준 사람으로부터 감정을 존중받고 사랑받는다고 느낄 때 형성됩니다. 그런데 책 읽기로도 이게 가능합니다. 아이들은 책 속의 아이가 어른으로부터 보호받고 사랑받을 때 자신도 그러하다고 여깁니다. 또 주인공이 어려움을 잘 극복하고 행복하게 되었을 때도 역시 책 속 주인공처럼 자신도 영웅이고 훌륭한 사람이라는 자아상을 가집니다.

옛이야기가 한 사람의 심성에 깊은 영향을 줄 수 있다는 사례가 있습니다. 독일의 분석심리학자 베레나 카스트가 상담을 통해 만난 한 여성의 이야기입니다. 37세의 이 여성은 살아오면서 중요한 결정은 대부분 어머니가 했고, 스스로 결정하거나 무언가를 시도해본 적이 거의 없었습니다. 자신의 주장을 제대로 표현하지 못한 여성이었지요. 이 여성은 분석치료 중에 굶주린 늑대의 꿈을 꾸거나 인적이 드문 길을 여행하는 꿈을 종종 꾸곤 했는데, 베레나 카스트는 특히 이 여성이 어려서 인상 깊게 읽은 책이 『빨간 모자 이야기』라는 점에 주목했습니다. 또 그 책 내용 중에 "길에서 벗어난다"는 부분에 자주 매혹을 느꼈다는 점도 중요하게 여겼습니다. 그것은 바로 어머니로부터 독립하고 싶은 소망을 의미하기 때문입니다. 하지만 이 여성은 어머니와 사냥꾼의 권위에 의존해서 유아적으로 살았기 때문에 자립할 수 없었던 것입니다.

이 이야기를 통해 옛이야기가 아이에게 영향을 주는 게 아니라, 아이가 처한 상황이나 조건, 부모와의 관계 등이 옛이야기를 어떻게 받아들이고 인식하느냐에 영향을 준다는 점을 알 수 있습니다.

등장인물의 마음 따라가기

헤르만 헤세의 『나비』라는 책이 있습니다. 주인공 소년은 나비 수집을 굉장히 좋아합니다. 아마 친구들 사이에서 나비 수집이 유행이었나 봅니다. 주인공은 어느 날 친구 집에 갔다가 희귀한 나비를 보고 순간적으로 그 나비를 훔칩니다. 그런데 들킬까 봐 주머니에 넣었던 나비는 산산조각이 나버렸고 죄책감을 느낀 소년은 어머니께 사실대로 말했지요. 그리고 용기를 내어 친구에게 사실을 털어놓은 뒤 사과를 합니다. 하지만 그 친구는 경멸의 눈빛으로 쳐다보며 사과를 거절합니다. 소년은 용서를 받지 못해 괴로워하며 집으로 돌아오고, 이제껏 열심히 수집했던 나비들을 모두 부수어버립니다.

이 책을 읽으면서 독자인 아이는 무엇을 느낄까요? 무언가를 좋아하여 열광적으로 수집하는 소년의 감정에 공감할 것입니다. 갖고 싶은 마음을 못 참고 순간적으로 훔쳤지만 양심에 어긋남을 알고 용기를 내어 어머니께 고백하는 소년을 보면서 안도감을 느끼겠지요. 또 양심에 어긋나는 행동을 하면 마음이 불편하다는 것을 인식할 것입니다. 양심에 따라 솔직하게 어머니께 잘못을 털어놓으면서 도움을 청할 수 있음도 알게 될 것입니다. 하지만 진심으로 사과를 해도 상대방이 받아들이지 않을 수 있음도 알게 됩니다. 아마 시간이 필요할지도 모르지요.

『나비』를 읽으면서 독자는 양심을 불편하게 만들었던 기억을 떠올리고 주인공의 심정에 공감하는 한편, 피해를 당한 아이의 감정도 살펴볼 것입니다. 한편 자신에게 용서를 구했는데 아직껏 용서한다고 말하지 못했던 경험도 떠올리겠지요. 책을 읽고 지금이라도 마음 한편에 불편했던 감정을 털어내고 화해해야겠다고 결심하면 더 좋을 것입니다. 이렇게 책과 교감을 나누면서 자신을 돌아보고 성찰하는 과정이 곧 인성 독서라고 할 수 있습니다.

예를 하나 더 들어볼까요? 필리파 피어스가 쓴 『아주 작은 개 치키티토』의 주인공은 열두 살 소년입니다. 이 소년에게는 아주 간절하게 바라는 소원이 있는데 바로 자기 개를 갖는 것입니다. 그런데 소년은 개를 키울 수 없습니다. 사는 곳이 런던 시내인데다 개를 키울 수 없는 여건입니다. 소년은 너무나 개를 갖고 싶어서 급기야 상상 속에서 개를 키웁니다. 눈만 감으면 그 개가 나타납니다. 소년은 그 개를 만나고 싶어 자꾸만 눈을 감게 되고 심지어 수업 중에도 눈을 감아요. 소년의 상상 속 개 키우기는 교통사고라는 큰 사고를 당한 후에야 멈춥니다. 그리고 소년은 마침내 깨닫습니다. 아무리 간절하게 소망한다 해도 가질 수 없는 것은 가질 수 없다는 것을, 가질 수 있는 것을 갖지 않으면 아무것도 가질 수 없다는 것을 말이지요.

이 책을 읽는 독자는 주인공이 얼마나 간절히 개를 원했는지 알고 있습니다. 막상 개를 갖게 되었지만 자신이 그토록 바라던 상상 속의 개가 아니어서 실망하던 주인공의 마음에도 공감할 것입니다. 주인공의 심리를 따라가다 보면 독자 역시 마지막에 주인공이 깨달은 것처럼 때로는 상상 속에서 바라던 것이 현실에서 이루어질 수 없음을 받아들이게 됩니다. 아마 책을 읽으면서 '그래, 책에 나온 이 아이처럼 가질 수 없는 것도 있다는 것을 받아들여야 해' 하고 생각했을지도 모릅니다. 이런 순간이 바로 독서를 통한 통찰이 일어나는 때이지요. 『나비』, 『아주 작은 개 치키티토』와 같은 책은 이야기 흐름 속에서 등장인물의 심리를 이해하고 추론해 볼 수 있는 초등 고학년 시기에 읽으면 좋은 책입니다.

인성을 기르는 상상적 공감력

『옛이야기의 매력』을 쓴 브루노 베텔하임은 미국에서 자폐아 학교 교장을 지낸 사람으로 부모가 옛이야기를 읽어주어야 하는 까닭을 책으로 쓴 사람입니다. 그는 책이 도덕적 상상력을 길러줄 수 있다고 말합니다. 어린이가 책 속 인물에 동일시하는 것은 책 속 인물이 착하기 때문이 아니라, 그 인물의 처지와 조건이 아이에게 긍정적인 감정 호소를 하기 때문이라고 합니다. 우리가 자주, 배려, 생명존중과 같은 도덕적 덕목을 알고 있다 하더라도, 그것들에 대한 상상적 공감 없이는 어떠한 도덕적 의지도 생겨나지 않는다는 것입니다.

합리적인 추론에 의해 이성적으로 옳다고 판단했다 하더라도 공감할 수 없으면 행동으로 이어지지 않습니다. 즉, 감정적으로 이끌림이 없다면, 또 그것을 하고 싶다는 간절한 욕구나 열망이 없다면 그저 공허한 논리로 남을 것입니다. 문학이 인간으로 하여금 삶의 의미와 가치에 자발적인 관심을 유도할 수 있는 힘은 상상력입니다. 이 상상력에 의해 인간은 책을 읽으면서 새롭게 기억을 떠올리고 양심에 따라 행동할 수 있게 됩니다.

04

가치 있게
사는 법을 안다

무엇이 가치 있는 것인가

몇 년 전 인기를 끌었던 TV 드라마 〈별에서 온 그대〉의 한 장면이 떠오릅니다. 사람을 죽인 죄가 밝혀져 감옥에 가게 된 남자에게 아버지가 찾아옵니다. 아버지는 재벌 회장입니다. 아버지는 아들을 애틋하게, 한편으론 회한에 찬 표정으로 바라봅니다. 그런 아버지에게 아들이 말합니다.

"아버지, 저 여기서 빼주세요. 아버지는 할 수 있잖아요."

그러자 아버지는 슬픈 표정으로 고개를 저으며 말했습니다.

"아들아, 내가 잘못했다. 네가 잘못을 저질렀을 때 따끔하게 혼내고 벌을 받게 했어야 했는데…. 돈을 주고 빼주는 게 아니었어."

끔찍한 살인을 저지르고 무수한 사람들을 괴롭히면서도 아들은 반성하거나 뉘우치지 않습니다. 무엇이 그를 그토록 괴물 같은 사람이 되게 했을까요? 드라마 속 아버지가 한 말을 통해 짐작할 수 있습니다. 아들이 청소년기에 남을 폭행한 적이 있었는데, 돈 많은 아버지는 돈을 이용해 아들이 죗값을 받는 걸 면해주었지요. 그 뒤로도 아들은 아버지의 돈을 믿고 자기 마음대로 일을 저질렀습니다. 급기야 사람을 죽여놓고도 언제든지 돈만 있으면 빠져나올 것이라고 생각합니다.

이 드라마가 방영된 후 '소시오 패스'라는 말이 매스컴에 자주 등장했습니다. 소시오 패스는 쉽게 흥분하고 공격적이어서 신체적인 싸움이나 타인을 공격하는 일이 반복되고, 자신이나 타인의 안전을 무모하게 무시하는가 하면 다른 사람에게 해를 입히거나 학대하고도 아무렇지 않게 여기고 합리화하는 등 양심의 가책을 느끼지 않는다고 하지요. 소시오 패스와 관련하여 사회적으로 많은 사람이 걱정하는 사이트가 있습니다. 일명 '일베'로 알려진 커뮤니티 사이트입니다. 세월호 유가족 앞에서 먹거리 집회를 열어 많은 사람의 공분을 샀지요.

저는 소시오 패스나 일베 회원들이 보편적인 가치를 수용하지 않고 앞뒤 가리지 않으며 모든 권위를 깨부수려는 행동이 염려스럽습니다. 원래 사회는 다양한 가치와 관점이 공존합니다. 서로 다른 생각들이 부딪치고 충돌하지만 더 나은 가치라고 여기는 것을 수용하면서 사회 질서가 유지되지요.

가치란 우리가 어떤 대상이나 사건에 부여한 의미입니다. 각 개인마다 대상에 부여하는 그 의미의 가중치가 달라질 수 있습니다. 세상에는 많은 가치가 있고 사람마다 추구하는 가치가 다를 수 있습니다. 하지만 많은 사람이 공통적으로 '가치가 있다, 소중하다'고 느끼고 인식하는 것은 존재합니다. 그것은 대부분 교육에 의해 배우게 됩니다.

무엇이 더 좋은 가치인가

초등학교 5학년 아이들과 문익점이라는 인물에 대해 읽고 다음과 같이 대화를 나누었습니다.

선생님 : 문익점은 원나라에서 목화씨를 몰래 붓통 속에 넣어 가지고 고려에 돌아와 심었어요. 그래서 겨울에도 목화로 솜옷을 지어 따뜻하게 입게 되었답니다. 그런데 당시 원나라에서 목화씨는 수출 금지 품목이어서 들키면 벌을 받거나 자칫하면 고려와 외교 마찰이 생길 수도 있었습니다. 문익점이 원나라 법을 어기고 목화씨를 몰래 들여온 것은 잘한 것일까요?

학생 1 : 잘했다고 생각합니다. 왜냐하면 지금까지 위인전에 나왔기 때문입니다. 훌륭한 사람이니까 나왔을 거예요.

학생 2 : 원나라는 우리를 괴롭힌 나라였으니까 거기서 가져와도 된다고 생각합니다.

학생 3 : 원나라가 자기들만 따뜻하게 옷을 입으려고 한 거니까 원나라가 나빠요.

학생 4 : 원나라에서는 법을 어겼지만 일단 우리나라로 들어왔으니까 우리나라에서는 애국자입니다.

선생님 : 다른 나라의 법을 어기고 도망치면 더 이상 벌을 안 받아도 되는 걸까요?

학생 5 : 문익점이 목화씨를 훔친 것은 잘못이니까 원나라에 정직하게 말을 하고 벌을 받아야 합니다.

학생 6 : 훔치는 건 일단 잘못한 것입니다. 아무리 추워도 남의 것을 훔치면 안 되잖아요.

선생님 : 원나라는 자기들만이 알고 있는 기술을 다른 나라에 주고 싶지 않았어요. 자기 나라의 경제적 이익을 위해서 그런 것입니다. 문익점은 우리나라 사람들에게 따뜻한 옷을 입히고 싶어서 원나라 법을 어겨서까지 목화씨를 들여왔어요. 모두 자기 욕심을 위해서가 아니고 나라를 위해서 그렇게 한 것입니다. 이럴 때 무엇이 더 좋은 가치일까요?

학생 1 : 원나라는 자기 기술을 지키려고 한 것이지만 문익점은 추위에 떨고 있는 사람들을 따뜻하게 하려고 한 것이니까 문익점이 더 중요한 일을 했다고 생각합니다.

학생 2 : 맞아요. 기술을 지키는 것은 돈을 벌려는 것이지만 문익점은 돈을 벌려고 그런 게 아니라 추워서 죽을 수도 있는 사람들을 도우려고 한 거니까 문익점이 한 일이 더 중요합니다.

학생 3 : 원나라는 자기만 이익을 보려고 할 게 아니라 추워서 떨고 있는 사람들에게 그런 기술을 나누어야 해요.

학생 4 : 옆에서 추워 떨고 있는 사람이 있는데 모른 체하면 안 됩니다. 굶어 죽어가는 사람을 돕지 않는 것과 같아요.

선생님 : 그러니까 여러분 생각을 정리해보면 원나라가 자기 기술을 지키려고 한 것도 가치 있는 일이긴 하지만, 추워서 떨고 있는 사람에게 따뜻한 옷을 입게 하는 것이 더 우선적인 가치라는 것이지요? 오늘날에도 이런 비슷한 일들이 많아요. 특별한 기술을 갖고 있어서 법으로 보호해주는 것을 특허권이라고 해요. 그런데 에이즈라는 병을 낫게 할 수 있는 약이 있는데, 제약회사가 그 약에 대해 특허권을 갖고 있어서 돈이 있어야 약을 살 수 있어요. 그러다 보니 아프리카에서는 수많은 에이즈 환자들이 약값이 없어서 죽어가고 있대요. 만약 문익점처럼 약을 제조할 수 있는 기술을 몰래 들여와 만들게 되면 처벌을 받게 됩니다. 여러분은 어떻게 해야 한다고 생각하나요?

학생 1 : 생명이 더 중요하니까 먼저 생명을 살리고 나중에 약값을 내게 하면 됩니다.

학생 2 : 돈이 많은 사람이 사서 나누어 주면 안 돼요?

학생 3 : 제약회사들이 싸게 약을 팔라고 법을 만들면 되잖아요.

학생 4 : 그런데 선생님, 제약회사들은 돈을 많이 벌어서 누가 가져요?

선생님 : 왜 돈보다 생명이 더 중요하다고 생각하지요?

학생 1 : 생명은 만들 수 없잖아요. 돈은 다시 찍으면 되지만요.

선생님 : 만약 여러분이 그 제약회사에 다니는 사람이라면 어떨까요? 제약회사가 이윤을 많이 내서 높은 연봉을 받고 부유한 생활을 하고 있다고 생각해보세요. 아프리카 사람들이 돈이 없어 약을 사지 못하는 것과 여러분과는 상관없는 일일까요?

학생 1 : 상관이 없는 건 아닌데요. 월급을 받아서 생활하는 사람이라면 돈을 벌어야 하니까.

학생 2 : 고민이 많이 될 거 같아요. 특허를 인정해주어야 제약회사도 돈을 벌 수 있으니까요.

학생 3 : 제약회사가 번 돈의 일부를 떼서 아프리카 환자들을 도우면 되잖아요.

이런 대화를 통해 아이들은 생명과 이윤이라는 두 가치를 두고 많은 생각을 하게 됩니다. 아이와 책을 읽을 때에는 상황과 처지에 따라 추구하는 가치가 무엇인지를 알아보고 어떤 선택을 해야 하는지 고민하게 하는 것이 필요합니다. 가치 있는 게 무엇인지를 배우려면 역사인물에 관한 책을 함께 읽는 것이 좋습니다. 역사책을 읽고 한 시대를 훌륭하게 살았던 인물들의 삶을 공부하다 보면 그들 모두가 가치 있는 일에 투신하여 살았음을 알게 됩니다. 가치에 투신했던 인물들은 당시에는 세속적 영화를 누리지 못했지만 역사 속에서 결국 승리하지요.

가치에 대한 아이와의 대화

많은 사람이 알고 있는 『강아지 똥』을 가지고 이야기를 해보겠습니다. 강아지 똥은 자신이 어떤 존재인지 알고 싶어 합니다. 강아지 똥은 닭이 자기에게 더러운 똥이라고 하자 서럽습니다. 흙덩이가 더러운 개똥이라고 놀릴 때에는 울음을 터뜨립니다. 소달구지 아저씨가 흙덩이를 소중하게 주워 싣고 가는 것을 보고 자신은 "어떻게 착하게 살 수 있을까?" 하고 중얼거립니다. 여기서 작가는 착하게 사는 것이 존재의 소중한 가치임을 말하고 있습니다.

존재의 가치를 묻던 강아지 똥에게 민들레가 이런 말을 합니다.
"네가 거름이 돼 주어야 한단다. 네 몸뚱이를 고스란히 녹여 내

몸속으로 들어와야 해. 그래야만 별처럼 고운 꽃이 핀단다."

이 말을 듣는 순간 강아지 똥은 너무 기뻐 민들레 싹을 힘껏 껴안아버립니다. 존재의 가치를 깨달은 순간이었지요. 강아지 똥은 자신의 존재 가치, 즉 자신이 무엇을 할 수 있는 능력과 가능성을 갖고 있는지를 알아차렸고, 그것이 어떤 가치가 있는지도 알아차렸습니다. 강아지 똥은 꽃에게 거름이 되어줄 수 있는 능력이 있고, 그 능력을 쓰는 것이 곧 자기실현이며 소명임을 알게 된 것입니다.

아이와 함께 『강아지 똥』을 읽을 때 어떻게 '가치'에 대해 이야기를 나눌 수 있을까요? 먼저 강아지 똥이 자신의 실체를 알게 된 것은 언제인가부터 알아봅니다. 닭이 더러운 똥이라고 말하는 걸 듣고 알게 되지요. 강아지 똥은 '더럽다'는 말에 충격을 받습니다. 서러워서 울었지요. 그런데 흙덩이를 소중히 담아서 가지고 가는 농부 아저씨를 보고 자신도 어딘가에 소중하게 쓰일 수 있지 않을까 하고 생각하게 됩니다. 가치가 있음을 지각하는 단계입니다. 가치 있게 산다는 건 좋은 거라는 생각이 그것입니다. 그래서 강아지 똥은 착하게 살고 싶다는 생각이 든 것입니다. 그런데 착하다는 것은 무엇을 말할까요? 착하게 사는 것의 가치를 따져보고 고민해보아야 합니다. 가치를 분석하는 단계라고 할 수 있습니다.

착하다는 것은 어떻게 행동하는 것인지 아이에게 물어봅니다. 아이와 대화를 나누면서 "착하다는 것은 자신을 소중히 여길 줄 알면서 동시에 타인도 아낄 줄 아는 것이다"라고 결론을 내렸다면 그것이 바로 가치를 정의 내리는 단계입니다. 이제 강아지 똥이 민들레의 거름이 되어 착함을 실천한 것을 보고 칭찬해줄 차례입니다. 강아지 똥은 자신의 존재 가치를 알았고, 그것을 아낌없이 썼습니다. 그리고 "나도 강아지 똥처럼 내 자신을 소중하게 여기고 쓸모 있는 존재가 되어야지"라고 결심했다면 가치를 신념화하는 단계입니다.

책을 읽고 가치를 배우는 과정은 위에서 알아본 대로 가치를 지각하기, 가치를 분석하기, 가치에 대해 정의 내리기, 가치를 신념화하기 등의 단계로 볼 수 있습니다. 물론 모든 책을 이 단계에 맞춰 하는 것은 결코 아닙니다. 일반적으로 문학작품을 읽고 가치에 대해 배울 때 이러한 단계를 거친다는 것이지요. 『강아지 똥』을 읽을 때에 위에서처럼 '존재의 가치'에만 초점을 두는 게 아니라, 생명 존중이나 책임, 가능성 등의 가치를 가지고 이야기를 나눌 수도 있습니다.

가치에는 성실, 근면함, 생명 존중, 최선, 희망 등 우리 안에 이미 내재된 가치에서부터 겸손, 신뢰, 우정, 협동, 의리, 배려, 약속과 같은 타인과 관계된 가치도 있습니다. 또 규칙 준수, 질서, 정의, 경로, 화목, 조화, 공정, 봉사 등 공동체적인 가치도 있고, 민주, 애국, 국가 발전, 평화, 종교, 공영 등 국가적이고 인류적 가치에 해당하는 것들도 있습니다.

대부분의 책 속에는 위에서 말한 가치들이 들어 있고, 가치 있게 사는 것이 멋있는 삶이라는 것을 말하고 있습니다. 그러니 책을 읽고 이런 가치들에 대해 이야기를 많이 나누는 것만으로도 이미 가치 있는 삶을 지향하고 있다고 할 수 있습니다. 물론 대충 겉 핥기 식으로 읽어서는 가치를 인식하고 내면화하며 성찰하기는 어렵지요. 『강아지 똥』에서 알아본 것처럼 책에서 그런 가치들을 찾아내고 정의를 내리며 구체적으로 알아보는 한편, 마음으로 그런 가치에 동조를 하여 신념화시키는 과정이 필요합니다. 어른이 아이와 함께 책을 읽으면서 도와줄 점도 그것입니다.

창의력 독서,
'무엇을'보다 '어떻게'가 중요하다

읽는 방법에 따라 생각하는 법도 달라진다

백화점에 가보면 가장 비싼 자리에 외국산 명품관이 있습니다. 어느 백화점에서 명품을 할인한다고 하니 사람들이 구름처럼 모여드는 장면이 뉴스에 나온 것을 본 적이 있습니다. 우리가 이렇게 유럽산 명품을 비싸게 사는 이유는 무엇일까요? 아니 거꾸로 질문해보겠습니다. "우리는 어떻게 명품을 만들어 팔 것인가?"

소비자들의 시선을 붙잡을 수 있는 디자인 실력과 문화 감수성은 어떻게 길러질 수 있을까, 또한 잘 만든 물건들을 누구에게 어떤 방법으로 홍보하고 판매할까요?

독서가 이런 고민의 해결책입니다. 더 엄밀하게 말하면 그 비결은 독서 방법에 달렸다고 해야겠지요. 왜 독서 방법일까요? 그저 인문학 책을 많이 읽는다고 해서 저절로 창의력이 발휘되는 건 아니기 때문이지요. 무엇을 읽느냐, 얼마나 읽느냐보다 더 중요한 것은 어떻게 읽느냐입니다. 읽는 방법에 따라 생각하는 방법이 달라지기 때문입니다.

고전을 어떻게 읽어야 창의적인 생각을 하는 데 도움이 될까요? 영화 〈왕의 남자〉가 연산군이라는 익숙한 캐릭터를 가져오되, 광대를 등장시켜 새로운 시점으로 해석했던 것을 생각해봅시다. "연극을 좋아했다는 연산군이 어느 날 한 광대를 만났다면 무슨 일이 벌어졌을까?" 혹은 "연산군 시대 한 광대가 궁궐에 들어가 연산군을 만났다면?" 이런 질문을 던져보았겠지요. 이렇게 상상적 질문을 던지고 관점을 달리 해서 보려는 읽기 태도가 창의성 생성의 핵심입니다. "전우치가 현대 서울 한복판에 나타났다면?" 이런 질문으로 만들어진 것이 바로 영화 〈전우치〉입니다.

다른 관점에서 바라보기가 창의성의 출발이라면 콘셉트를 정한 뒤 구성하는 과정이 곧 창의력입니다. 한데, 콘셉트를 정하는 것은 매우 중요하고도 어려운 일입니다. 콘셉트란 무엇을 말하고 싶은가, 무엇이 지금 시대에 필요한가를 묻는 것입니다. 이것을 잘하려면 문화를 읽어야 하고, 사람들이 바라는 것, 시대의 좌표, 나아가야 할 방향을 제시할 줄 알아야 합니다. 영화 〈명량〉은 바로 이 콘셉트를 잘 정했기 때문에 성공할 수 있었습니다. 사람들이 바라는 것, 필요로 하는 것, 앞으로 나아가야 할 비전을 제시했을 때

관객들의 마음을 움직일 수 있습니다. 그런 의미에서 콘셉트는 곧 주제라고 할 수 있습니다.

콘셉트가 정해졌으면 다음은 구성입니다. 구성이란 콘셉트를 잘 드러내기 위해서 어떻게 할 것인가를 고민하는 과정입니다. 〈명량〉은 명량해전이라는 극적인 전쟁을 집중적으로 조명함으로써 관객들의 몰입도를 한층 높였습니다. 특히 '나라를 구한 리더십'이라는 콘셉트에 맞춰 이순신 장군의 심적 고뇌를 통해 관객의 공감을 이끌어내고 있습니다. 잘 쓴 글이나 잘 만든 시나리오는 말하고자 하는 콘셉트가 분명하고 그 콘셉트에 맞춰 스토리를 구성하는 능력에 달려 있는 것입니다.

창의적인 콘텐츠의 보물창고

창의력은 축적된 독서 경험과 독서 방법을 통해 길러집니다. 간단한 예를 들어볼까요. 초등 4학년들과 함께 역사책에서 '첨성대'에 대해 읽었다고 해봅시다. "첨성대는 신라 선덕여왕 때 지었고 천문대 혹은 상징물로 쓰였을 것으로 추정된다"라고 역사책에 나와 있겠지요. 가장 먼저 할 일은 책에 나와 있는 이 내용을 이해하는 것입니다. 그런 다음 아이에게 궁금한 것을 질문하라고 해보세요. 아마 이 또래 아이들이라면 "이렇게 낮은 데에서 어떻게 별을 관측했어요?", "왜 도자기 모양이에요?"와 같은 질문들을 하겠지요. 이번엔 상상 질문을 해보라고 주문해보세요. "첨성대를 만든 기술자는 어떤 사람이었을까?" "첨성대를 본 선덕여왕은 무슨 말을 했을까?" 이런 질문을 던지고 나서 자유롭게 질문에 대한 답을 생각해보도록 합니다.

이런 대화를 한 후에는 "네가 박물관 가이드라면 견학 온 초등학생들에게 첨성대에 대해 뭐라고 설명해줄 거야?", "만약 네가 첨성대를 제목으로 영화를 만든다면 누구를 주인공으로 해서 어떤 스토리를 만들 수 있을까?"라는 질문을 던집니다. 박물관 가이드이든 영화감독이든 알고 있는 지식을 전달할 때는 대상과 목적을 정한 후 어떻게 전달할 것인지 구성하는 과정이 필요하지요. 역사책에 나온 기록을 바탕으로 자신이 상상한 것, 사람들이 궁금해할 점을 떠올리며 어떤 방법으로 전달할지 생각해보아야 할 것입니다. 정보를 단지 앵무새처럼 나열하는 것은 구글이나 네이버에 있는 지식을 줄줄 암기하여 전달하는 것이고, 무엇보다 재미가 없어서 감동을 일으키지 못하니까요.

독서 방법은 곧 사고 방법이고, 창의성 역시 독서 방법에 달려 있습니다. 여러 차례 강조했듯이 책과 점점 멀어지고 있는 디지털 시대에 인문학 책을 읽어야 하는 이유는 독서를 하지 않으면 창의적인 생각을 생성해내기 어렵기 때문입니다. 통섭, 융합, 편집 능력, 콘텐츠 능력 등 모두가 독서력, 독서 방법이라는 우물에서 솟아나는 것입니다.

창의적인 환경 조성하기

창의적인 아이를 만드는 데 가장 중요한 것은 창의적인 환경을 조성하는 것입니다. 창의적인 환경이란 아이의 상상력이나 욕구를 표출할 수 있는 편안하고 허용적이며 약간은 비밀스러운 공간을 말합니다. 또 아이와 자주 만나는 부모와 친척, 이웃들, 선생님, 친구들, 미디어와 책도 환경이 됩니다. 그러니까 부모가 창의적인 사람이면 아이도 창의적인 아이가 될 가능성이 높겠지요.

다음으로 중요한 것은 창의적인 경험입니다. 책을 읽거나 텔레비전을 볼 때에도 어떤 상상을 하고 무엇을 경험하느냐에 따라 창의력에 영향을 미칩니다. 마지막으로 필요한 것은 창의력을 높이는 학습입니다. 창의성을 키우기 위해 개발된 학습활동을 하여 창의력 훈련을 받는 것입니다. 독서를 통해 창의력을 키우는 프로그램을 실시하는 것도 그중 하나라고 할 수 있지요.

다음은 부모가 자녀의 창의력을 키우기 위해 어떤 환경을 조성해야 하는지를 알 수 있는 체크리스트입니다. 항목에 긍정하는 개수가 많을

수록 창의적인 환경을 조성하고 있다고 할 수 있습니다.

- 아이가 집에서 어떤 질문을 해도 바보 취급을 받을 염려가 없다.
- 아이가 하는 일에 되도록 참견하지 않는다.
- 아이에게 뭔가를 시킨 후 독촉하지 않는다.
- 아이가 잘못하면 벌을 주기 전에 이유를 먼저 묻는다.
- 되도록 같은 말을 여러 번 하지 않으려 노력한다.
- 아이가 어떤 상황이든 즐기도록 유도한다.
- 아이가 새로운 것을 자주 접할 수 있게 해준다.
- 아이의 의견을 존중하고 자유롭게 표현하도록 격려한다.
- 질문을 한 다음 생각할 시간을 충분히 준다.
- 아이의 생각을 자주 묻는다.
- 문제를 해결할 때 스스로 결정하도록 기다린다.
- 부모 자신이 무슨 일이든 즐겁게 한다.
- 아이가 새로운 방법을 생각해내도록 격려해준다.
- 아이가 질문하는 것을 좋아한다.
- 우리 집은 항상 웃음이 넘친다.
- 아이가 느끼는 대로 자유롭게 말할 수 있다.
- 아이가 무엇을 좋아하는지 궁금해한다.
- 부모 자신이 항상 새로운 것을 시도한다.
- 아이가 실수했을 때는 벌을 내리지 않는다.
- 집 안이 어질러져 있어도 큰 문제가 되지 않는다.

06

인문독서가
생존력을 키운다

부자들이 인문학을 배우는 이유

많이 알려진 대로 대중들 사이에 인문학 열풍이 불기 시작한 것은 미국의 대학교수 얼 쇼리스의 도전이 그 계기가 되었습니다. 1995년 가을, 얼 쇼리스는 거리의 청소년, 노숙자, 난민, 에이즈에 걸린 싱글맘 등 20여 명의 학생들을 모아놓고 인문학 강의를 시작합니다. 학교에 올 차비도 없는 학생들에게 차비를 나누어 주면서 철학, 예술, 논리, 시, 역사를 가르치는 인문학 강의를 시작한 것입니다. 그의 이런 행동에 대해 말도 안 된다고 비웃는 사람도 많았습니다. 고등학교도 제대로 마치지 못한 학생들이 플라톤의 '동굴의 비유'를 토론하고, 소포클레스의 『안티고네』를 읽고, 블레이크의 시를 낭송한다는 게 믿어지지도 않았고 또 의심스러웠던 거지요. 먹고살기도 어려운데 웬 인문학? 더구나 직업교육이라면 모를까 고전교육이라니?

하지만 얼 쇼리스가 보기에는 가난한 사람들에게 그저 재활교육이나 직업에 관한 공부만 시켜주면 된다는 생각은 그야말로 어설픈 동정심에 불과했습니다. 가난한 사람들에게 왜 자신들이 가난한지 의문을 품게 하고 자신의 존재 의미와 가치를 통찰하게 함으로써 가난의 수렁에서 벗어날 수 있게 해야 한다고 생각했지요.

> "여러분은 이제껏 속아왔어요. 부자들은 인문학을 배웁니다. 인문학은 세상과 잘 지내기 위해서, 제대로 생각할 수 있기 위해서, 외부의 '무력적인 힘'이 여러분에게 영향을 끼칠 때 심사숙고해서 대처해 나가는 방법을 배우기 위해서 반드시 해야 할 공부입니다. 저는 인문학이 우리가 '정치적'이 되기 위한 한 방법이라고 생각합니다. (…) 부자들은 잘살기 위해, 힘을 얻기 위해 정치를 이용합니다. 이 사회에서 잘 먹고 잘사는 데 필요한 효과적인 방법을 더 잘 알고 있는 이들이 부자들입니다. (…) 여러분이 사람에게서, 그리고 사람들이 소유한 것들에게서 나오는 진정한 힘, 합법적인 힘을 갖고자 한다면 정치를 이해해야 합니다. 인문학이 도와줄 것입니다."

언뜻 봐서는 황당해 보이는 얼 쇼리스의 시도로 첫 수강생의 31명 중 17명이 끝까지 수업에 참여하여 대학에 진학하고 취업하여 새로운 삶을 시작했습니다. 그 후 희망의 인문학은 전 세계로 퍼져나갔고, 우리나라에서도 종교 단체를 중심으로 노숙자, 빈민, 교도소 재소자 들을 대상으로 한 인문학 강의를 하고 있습니다. 물론 희망의 인문학 강의가 그곳을 찾아온 모든 사람에게 희망을 주고 성공으로 이어지지는 않았을 것입니다. 하지만 이러한 도전 은 인문학이 우리 삶에 얼마나 중요한 지적 자산인가를 새삼 깨닫 게 해줍니다.

독서 능력은 문제해결력이요, 나아가 생존전략입니다. 돈으로 교환되지 않는 지식은 쓸모없는 것으로 생각하는 오늘날의 냉정한 자본주의 세계에서 읽기는 싫든 좋든 살아가기 위한 힘입니다. 읽 기는 세상과 인간에 대한 이해를 바탕으로 내 삶의 의미를 발견하 고 그것을 표현해내는 힘입니다.

배우는 능력이 곧 생존력이다

왜 인문독서가 살아가는 힘의 바탕이 되는지를 두 가지 측면에 서 설명해보겠습니다. 진로전문가들은 앞으로 100세까지 산다고 할 때 직업을 많게는 열 번 정도 바꿀 수 있다고 예견합니다. 급변 하는 사회 속에서 한두 가지 기술로 한두 개 직업만으로 100년을 살아갈 수 있다고 믿는 사람은 별로 없습니다. 세상을 살아가려면 사회 변화에 맞추어야 하고, 개인의 능력이나 처지에도 맞추어야 하겠지요.

이럴 때 기본적으로 갖추어야 할 가장 중요한 기술은 무엇일까요? 바로 배우는 능력입니다. 문명사회를 살아가는 우리는 싫든 좋든 평생을 배우며 살아가야 합니다. 공부는 학교에서만 하는 줄 알았더니 부모가 되어서도 배워야 하고, 직장을 바꿀 때도 배워야 하고, 나이 들어 노인복지관에 가서 취미생활을 하려 해도 새로운 것을 배워야 합니다. 직장 다닐 때도 직업에 필요한 기술만 배우는 게 아니라 사람들과 잘 지내는 방법도 배워야 합니다. 종교생활을 하려 해도 그냥 믿음만으로 하는 게 아닙니다. 교리도 배우고 전례도 배워야 합니다.

『아웃라이어』를 써서 베스트셀러 작가가 된 말콤 글래드웰은 '1만 시간의 법칙'을 말합니다. 어떤 경지에 도달하려면 1만 시간의 노력이 필요하다는 말이지요. 타고난 재능이나 적성보다 노력이 중요하다는 뜻입니다. 하지만 이 법칙이 모든 사람들에게 적용되는 것은 아닙니다. 헴브릭과 마인츠라는 학자가 실험해본 바에 따르면 사람마다 다를 수 있습니다. 이들은 57명의 피아니스트가 일정한 수준의 연주 실력을 갖출 때까지 걸리는 시간을 알아보았습니다. 그랬더니 놀랍게도 260시간에서 3만 1,000시간까지 사람마다 달랐습니다. 어떤 사람은 짧은 기간 안에 도달했고, 어떤 사람은 오래 걸렸습니다. 이런 차이가 단지 재능이나 적성 때문일까요?

전문가들은 이 차이의 원인을 '작업 기억력Working Memory'으로 보았습니다. 작업 기억력이란 새로운 정보를 처리하는 능력, 즉 새로운 것을 배우는 능력입니다. 인지심리학자들은 이 작업 기억력을 아주 중요하게 생각합니다. 작업 기억력은 새로운 정보가 들어오면 기존에 저장된 장기기억 창고에서 비슷한 것을 끄집어내어 새로운 정보와 연결지은 후 그것을 이해합니다. 사람이 태어나서 세상의 여러 사물들과 언어를 인지한 후 잊어버리지 않고 오랫동안 장기기억으로 저장시킬 때 학습이 되고 사고력이 발달하지요.

그러므로 장기기억 속에 저장된 정보가 많을수록, 또 작업 기억력이 활발하게 작동될수록 새로운 정보를 빨리 습득하고 익히게 되겠지요. 아는 게 많아야 새로운 것도 쉽게 배울 수 있다는 뜻입니다.

작업 기억력의 활성화는 독서력과 깊은 관련이 있습니다. 책을 많이 읽어서 배경지식이 많으면 새로운 것들을 잘 배울 가능성이 매우 높다는 것입니다. 책을 많이 읽은 것으로 유명한 안철수 씨가 어려서 바둑에 관한 책을 여러 권 읽고 나서 바둑을 배웠더니 잘 배울 수 있었다는 것도 이런 이치입니다. 결론적으로 말하면 독서력이 높은 사람은 새로운 것을 습득할 때 더 잘할 가능성이 높다고 할 수 있습니다.

앞에서 한 말들을 정리해보면, 살아가는 생존력을 갖추기 위해 배우는 능력이 중요한데, 그것은 작업 기억력의 활성화와 관련이 깊으며, 작업 기억력은 곧 독서력과 직결되므로 독서를 많이 하는 것이 배우는 능력을 기르는 기초가 됩니다.

독서의 마지막 단계, 성찰하기

인문독서의 필요성과 관련하여 두 번째로 꼭 필요한 능력은 성찰하는 능력입니다. 성찰하는 능력이 왜 중요할까요? 자신이 하는 일에 대한 의미와 가치를 모르면 그 일을 오랫동안 하기가 어렵습니다. 무슨 일을 끈기 있게 하는 원동력은 그 일에 대한 의지와 신념이 얼마나 있는가와 관련이 깊습니다. 인간은 약합니다. 하지만 신념은 강합니다. 역사적으로 성인으로 추앙받는 사람들의 일생을 보면 그들이 처음부터 강했던 것은 아닙니다. 그들은 점점 더 강해져갔습니다. 무엇이 그렇게 만들었을까요?

요즘 방송이나 책을 통해 대중들에게 많이 알려진 다중지능유형 이론이라는 게 있습니다. 사람은 누구나 언어, 논리수학, 신체운동, 시공간, 음악, 대인관계, 자기성찰, 자연 등 여덟 가지 중에 한두 가지의 비범한 지능을 갖고 있으므로 이것을 발달시키는 것이 좋다는 이론입니다. 다중지능 전문가들은 이 여덟 가지 중에 타고나지 않았어도 반드시 노력을 해서라도 키워야 하는 게 두 가지 지능유형이라고 주장합니다. 바로 대인관계와 자기성찰 지능입니다. 아무리 뛰어난 재능을 타고났어도 이 두 가지 유형을 발달시키지 못하면 재능의 꽃을 피울 수 없다는 것입니다.

여기서 특히 자기성찰 지능은 독서와 관련이 많습니다. 책을 읽는 것도 성찰하는 과정이라고 할 수 있으니까요. 엄밀하게 말하면 책을 읽는다고 저절로 성찰을 하는 게 아니라 성찰하려고 노력해야 합니다. 책을 읽으면서 저자가 말하려고 하는 의도, 주제를 이해한 후 그 주제를 자기 삶에 적용하여 반추해보는 것이 성찰입니다. 또 작가의 생각에 대해 다른 관점에서 생각해보는 것도 성찰입니다.

책을 읽고 재미있다는 경험으로 끝나지 않고 그것을 되새기고 분석하며 다른 것과 연결지어 생각하고 내 삶에 적용하다 보면 그 책이 내 삶의 의미로 다가옵니다. 이 과정이 곧 성찰하는 것입니다.

07

좋은 사회의 첫걸음, 인문독서

사회에 관심을 갖고 질문을 던지는 것

불행한 소년은 불행하게 자랐습니다. 친구들이 불행한 소년을 놀리고 괴롭혔습니다. 화가 난 소년이 친구들을 때리려고 하자 천사가 나타나 참고 용서하라고 말합니다. 불행한 소년은 자라서 불행한 청년이 되었습니다. 사람들이 여전히 그를 괴롭혔지만 그는 참고 견디며 열심히 일했습니다. 때때로 분노와 절망이 찾아왔지만 그때마다 천사가 나타나 누구나 괴롭고 불쌍한 사람들이라며 참으라고 말합니다. 청년은 어느덧 늙고 병들어 홀로 죽어가고 있었습니다. 노인은 천사에게 말합니다.

"천사님이 시키는 대로 참고 용서하고 열심히 일했는데 저는 지금 아무도 없는 곳에서 비참하게 죽어가고 있네요."

그러자 천사는 "당신 삶은 가치 있는 삶이었어요. 그리고 아직 제가 옆에 있잖아요"라고 위로합니다. 하지만 잠시 후 노인은 이유를 알 수 없는 분노와 슬픔이 소용돌이치면서 어떤 깨달음이 머릿속을 스칩니다.

"네가 평생 나를 속인 거야!"

노인은 곁에 있는 천사를 죽입니다.

최규석의 『지금은 없는 이야기』의 내용 중 하나입니다. 아이들과 이 우화를 읽은 후 무엇이 떠오르는지 물었습니다. 참고 견디면 좋은 날이 온다고 말하는 일종의 '희망고문'을 말하는 것 같다고 대답하는 학생이 많았습니다. 천사가 권력을 가진 사람, 지도자를 말한다고 여기는 학생도 있었고, 심지어는 엄마가 떠올랐다는 학생도 있었습니다.

불행한 소년이 불행하게 된 까닭에 대해서는 의견이 엇갈렸습니다. 소년이 너무 무능하여 천사의 말을 의심하지 않고 무조건 믿었기 때문에 불행해졌다며, 자기 스스로 무엇이 왜 잘못되었는지 물어보았어야 했다고 말했습니다. 반면 불행한 소년이 천사의 말을 믿은 것은 불행한 가정에서 태어나 잘못된 교육을 받았기 때문이고, 주위의 도움을 받지 못했기 때문이라고 말하는 학생도 있었습니다. 사회의 책임이 크다는 것입니다. 어떤 학생은 불행한 소년이 학교에서 제대로 된 인권 교육을 받았다면 자신이 얼마나 부당한 대우를 받고 있는지 깨닫고 문제를 해결할 방법을 찾았을 거라고 우리 교육의 문제점을 꼬집었습니다.

세상일에 관심을 갖고 질문을 던지는 것이 독서의 시작입니다. 앞서 전 세계 100만 아이들을 살리는 용감한 형제 이야기를 소개한 바 있습니다. 크레이그는 열두 살 때 우연히 잡지에서 어린이 노동을 고발하다 살해당한 파키스탄 소년의 기사를 보고 반 아이들과 함께 '어린이에게 자유를'이라는 단체를 만들어 제3세계 아이들을 돕기 시작했지요. 이 단체는 오늘날 국제적인 단체가 되어 가난한 나라에 400개의 학교를 세울 만큼 큰일을 하기에 이르렀습니다. 크레이그 형제가 쓴 『행동하라Take Action』라는 책이 있습니다. 아무리 많은 지식을 갖고 있어도 그것을 다른 사람과 나누지 않으면 자기 속에서 잠자고 있는 지식이 되어버린다는 내용입니다.

『세 바퀴로 가는 과학자전거』를 쓴 강양구 씨는 어릴 적 꿈인 과학자가 되려고 생물학과에 진학했습니다. 그런데 공부를 하면 할수록 의문이 들었답니다. '왜 소리의 속도로 나는 비행기는 있는데 겨울마다 가난한 노인이 추위에 얼어 죽는 걸까?' '값싼 난방 시스템을 제공하는 데 대단한 기술이 필요한 것도 아닌데 왜 우리는 그것을 못할까?' '정교한 로봇을 만들 수 있는 기술은 가지고 있는데도 정작 장애인들은 쉽게 이동할 수 있는 보조 기구를 공급받지 못하는 걸까?' 그는 꼬리를 물고 이어지는 이런 고민을 접하면서 과학기술이 아무리 발달해도 사람에게 이롭게 쓰이지 않는다면 무슨 소용이 있을까 하는 생각을 하게 됩니다. 어떻게 해야 인류가 과학기술을 발전시키면서도 안전하게 살 수 있을까 고민했지요.

이 책 속에는 제2차 세계대전 당시 핵폭탄 제조에 참여했던 핵물리학자들의 이야기가 나옵니다. 일명 '맨해튼 프로젝트'에 참가했던 오펜하이머, 아인슈타인, 리처드 파인만 등의 과학자들은 핵실험을 강행한 후 그 놀라운 위력에 충격을 받고 핵폭탄을 개발한 자신들을 향해 "우린 모두 X자식이다!"라고 말했다고 합니다. 전쟁을 종식시킨다는 이유로 개발된 핵폭탄은 그 뒤 미국과 소련을 중심으로 공산주의와 자본주의 두 진영으로 나뉘어 서로 으르렁거리던 냉전 체제 하에서 경쟁적으로 만들어졌고, 이제는 지구를 수백 번 가루로 만들 수 있을 만큼의 핵탄두를 가지게 되었습니다. 과학자들 스스로 무엇을 위해 과학기술을 개발해야 하는지, 그로 인한 사회적 파장이 얼마나 클지 깊이 고민했다면 이런 엄청난 결과는 생기지 않았겠지요.

세상을 아름답게 만들어갈 책임

"왜 책을 읽어야 하는가?"

누군가 제게 이렇게 묻는다면 두 가지 이유를 들어 간단하게 대답할 수 있습니다.

첫째, 우리는 자신을 성장시키기 위해서 읽어야 합니다. 우리는 세상에 태어난 이상 자기를 실현해갈 의무가 있습니다. 우리는 책을 통해 인생에 닥치는 문제들을 극복해가고, 스스로 살아가는 힘을 얻을 수 있습니다. 사회의 주류로 살든 비주류, 즉 대안적 삶을 살든 자신이 선택한 삶을 소신 있게 살아가려면 독서를 통해 내공을 쌓아야 합니다.

둘째, 사회에 대한 책임을 다하기 위해서입니다. 함께 어울려 사는 세상에서 우리는 세상을 더 아름답게 만들어갈 의무를 지고 있습니다. 자신의 일이 세상 속에 어떤 영향을 끼치고 있으며, 사회를 위해 무엇을 할 수 있는지 고민하는 사람이 되어야 합니다. 세상은 독불장군으로 살 수 없는 곳입니다. 경험해보았겠지만 자기 마음대로 고집을 피우고 이기적으로 살아봤자 결국 자신만 고립될 뿐이지요. 얼마 전까지만 해도 한 명의 천재가 수백만 명을 먹여 살린다는 말이 당연시되었습니다만, 이제는 연대의식이 강조되고 있습니다. 빠르게 변화하고 복잡해지고 있는 사회에서 혼자 전문지식을 섭렵하고 사회 문제를 모두 풀어가기는 역부족입니다. 그래서 각자의 전문성을 연결하여 지속적으로 협력하고 좋은 사회를 만들어가기 위한 지식공동체를 구축해야 합니다. 불행한 소년이 되지 않으려면, 아니 불행한 소년들을 만들지 않으려면 말입니다.

08

디지털 시대,
생각하지 않는 사람들

디지털 기술이 인간을 바꾸고 있다

니콜라스 카의 『생각하지 않는 사람들』이라는 책이 있습니다. 쉽게 읽히면서도 중요한 점들을 잘 짚어주고 있는 책입니다. 표지에는 니콜라스 카를 IT 미래학자, 인터넷의 아버지라고 소개하고 있습니다.

그가 책을 통해 말하고 싶은 점을 한마디로 말하면, 디지털 기술이 우리 인간을 바꾸고 있다는 것입니다. 우리 인간의 뇌에 변화가 생기고 있다는 것이지요. 뭐 당연한 거 아니냐고 물을 수도 있겠지만, 깊이 들여다볼수록 엄청난 말임을 알 수 있습니다. 책 제목 그대로 인간은 더 이상 스스로 생각하지 않는 사람이 되어가고 있기 때문이지요.

예전에는 무언가 모르는 것, 생소한 단어를 보면 잠시 멈추고 무슨 뜻일까 하고 생각을 했습니다. 머릿속에 저장해둔 배경지식들을 끄집어내어 새로운 단어와 연결시켜 뜻을 헤아리는 것입니다. 그렇게 해도 잘 모르면, 글의 앞뒤를 다시 읽으며 추론을 해서 이해했지요. 그도 안 될 때 사전을 찾아서 뜻을 익히고요.

이렇게 독자는 새로운 정보를 스스로 해독하여 습득하고 그것을 통해 더 깊은 사고를 할 수 있었습니다. 이런 과정을 하는 동안 우리의 전두엽이 움직이고 그 속의 해마가 활발히 헤엄치면서 '창의력'이라는 아기가 탄생하였습니다. 그런데 요즘 사람들은 이 과정을 과감히 생략해버리고 있습니다. 모르는 말이 나오면 곧바로 인터넷 검색창에 단어를 칩니다. 인터넷에 정보처리과정을 기꺼이 양보하고 있는 셈이지요. 그러니 인간은 점점 바보가 되어가고 인터넷은 똑똑해진다고 볼 수 있습니다.

우리는 지속적인 '생성'과 '연결'을 통해 새로운 지식을 습득하고 처리하며 창의적인 생각을 해냅니다. 책을 읽을 때 질문을 하고 그 뜻을 알아내기 위해 자신의 머릿속에 저장된 정보를 생성해내는 것이 정말 중요하다는 뜻입니다. 수많은 인지심리학자들이 공통적으로 말하는 것이지요.

누군가는 이런 주장에 반기를 들지도 모릅니다. 인터넷을 검색하면서 수많은 정보를 접하고 취사선택하는 과정도 읽는 것이 아니냐고 말이지요. 이런 주장도 아예 틀린 말은 아닙니다. 인터넷에서 제공하는 정보들도 분명히 생활에 필요한 정보들이고, 전문가들의 고급정보도 많으니까요. 인터넷 정보들을 인식하는 것도 분명 정보처리과정에 해당하지요. 하지만 이에 대해 세 가지 면에서 문제점을 말할 수 있습니다.

첫째, 인터넷은 사람들을 자주 지치고 피곤하게 만듭니다. 사람들은 인터넷에서 꼭 필요한 정보만을 찾는 게 아니라 쓸데없는 것들도 접하게 됩니다. 그러다 보니 정작 깊은 사고를 해야 하거나 창의력을 발휘해야 할 때 뇌에서 참신한 생각이 떠오르지 않습니다.

둘째, 인터넷을 검색하다가 사람들은 자주 길을 잃습니다. 처음에 찾고자 했던 정보는 잊어버리고 여기저기 헤매다가 시간을 허비하는 경우가 많습니다. 지금 학자들은 인터넷을 많이 사용하는 사람들이 점점 산만하고 집중력이 떨어진다는 데에 동의하고 있습니다.

셋째, 인터넷은 정보를 제공하는 매체로 기능하기보다 오락적 매체로 기능하는 측면이 더 강합니다. 따라서 사람들은 텔레비전과 마찬가지로 인터넷을 통해 심각하고 진지한 독서를 하려고 하지 않지요. 스마트폰도 마찬가지입니다. 물론 자신의 목적에 따라 필요한 정보들을 찾고 그것들을 재가공하고 비판하며, 적절한 곳에 연결시키는 사람도 있습니다. 하지만 대부분의 사람들은 재미 요소만 찾는 경우가 많습니다. 지하철에서 사람들이 스마트폰을 통해 무엇을 하는지 한번 살펴보세요. 그들이 보는 것은 드라마, 스포츠, 예능 프로그램, 게임, 쇼핑, 로맨스 소설 등이 압도적입니다.

이렇듯 점점 많은 사람들이 진지한 책, 두꺼운 책 읽기를 귀찮아합니다. 아니 사실은 읽지 못한다고 봐야겠지요. 앞으로 사람들은 점점 더 책과 멀어질 것입니다. 이미 뚜렷하게 그런 현상이 나타나고 있습니다. 책이 안 팔리고 있으니까요. 이제 두꺼운 책은 중세시대 일부 귀족들의 책장에만 존재하던 고전의 신세가 되어버릴지도 모릅니다.

자녀에게 종이책을 읽히는 IT 기술자들

모두가 책을 멀리하는 것은 아닙니다. 얼마 전 뉴욕타임즈에 이런 기사가 나온 적이 있었습니다. 기자가 스티브 잡스에게 "아이들이 아이패드를 좋아하느냐?"라고 질문했더니, 그가 자기 자녀들은 아이패드를 써본 일이 없다고 말했다는 것이었습니다. 또, 잡스의 공식 전기를 집필한 월터 아이작슨은 "스티브는 저녁이면 부엌에 있는 길고 커다란 식탁에 앉아 아이들과 책과 역사, 그 외에 여러 가지 화제를 놓고 이야기했다"라고 말했습니다. 스티브 잡스뿐만 아니라 IT 기술자나 벤처사업가 중에는 자녀로 하여금 학교 수업이 있는 평일에는 어떠한 기기도 사용하지 못하게 하고 주말에만 일정 시간 범위에서 허용하는 경우가 많다고 합니다. 그들이 그렇게 하는 이유는 테크놀로지가 아이들에게 미칠 위험성을 알고 있기 때문이라고 기사에 덧붙여 놓았습니다.

『무엇으로 읽을 것인가』를 쓴 제이슨 머코스키는 아마존 킨들 개발자로 전자책을 만든 사람입니다. 그는 이 책에서 전자책이 미래의 책이 될 것이라고 확신합니다. 하지만 그 역시 어린이용 전자책 출간에 대해서는 아직 신중해야 한다는 입장을 밝힙니다. 미국 IT 기술자들의 자녀들이 많이 다닌다는 발도르프 학교에서도 열 살 이전엔 컴퓨터 자체를 사용하지 못하게 한다고 하지요.

그렇다면 그들은 자녀들에게 무엇을 하도록 할까요? 그들은 손으로 하는 일, 느리고 오랫동안 몰입하는 일을 하게 합니다. 목공일, 흙을 만지고 도자기를 만드는 일, 뜨개질을 하거나 산책, 명상, 독서를 하지요. 이런 것들은 느긋하게 사색하고 성찰하는 습관을 형성하도록 도와줍니다.

디지털 소용돌이에 빠지지 않으려면 사색과 독서를 하라

"미디어는 메시지다"라는 말로 유명한 미디어학자 마셜 맥루한은 이미 1960년대에 미디어가 가져올 미래의 모습을 예견했습니다. 그가 던진 이 말은 '진짜가 아닌 미디어, 즉 매체가 의미를 갖게 되었다'라는 뜻입니다.

"미디어는 메시지다"라는 말이 그토록 유명한 진짜 이유는 이 짧은 한 마디가 디지털 시대를 살아가고 있는 우리들의 현재 모습을 잘 표현하고 있기 때문입니다. 어느 때부터인가 새로운 스마트폰이 출시될 때마다 빨리 갖고 싶어서 매장 앞에서 밤새워가며 기다리는 사람들이 생겼지요. 이처럼 첨단제품 열혈 구매자를 일컬어 가젯러버Gadget Lover라고 합니다. 맥루한은 사람들이 이렇게 첨단 디지털 기기에 매혹당하는 이유를 그리스 신화 '나르시스' 이야기를 인용하여 설명합니다. 나르시스가 거울을 통해 본 자신에게 매혹당했듯이 인간도 자신을 비춰주는 도구에 매혹된다는 것입니다. 인간은 도구임에도 불구하고 자신보다 확장된 형태에 매혹되어 무아지경에 빠진다는 것이지요.

맥루한은 기술과 인간의 의식 변화에 대해 관심을 가질 것을 촉구합니다. 그는 미국 작가 애드거 앨런 포의 단편소설 『소용돌이 속에서』를 언급하면서 디지털의 소용돌이 속에서 당황하지 말고 숨을 깊이 들이마시고 머리를 굴리라고 조언합니다. 인간은 소용돌이를 만들 재주도 있지만 자기 목숨을 구할 재주도 있다면서 새로운 환경에 휩쓸려 정신을 잃지 말고 그 환경과 관계를 맺고 그 안에서 창조성을 발휘하라고 합니다.

디지털 홍수에 떠밀려가지 않으려면 지루함을 즐기고 심사숙고하며 가치를 탐구해야 합니다. 독서를 통해서 말입니다. 독서는 디지털 세상과 소통하고 디지털 세상을 성찰하며 잘 살아가기 위해 꼭 필요합니다. 최근에 쏟아져 나오고 있는 디지털 관련 책들의 내용을 종합해보면, 한마디로 '디지털 세상에서 살아가려면 독서를 해라'입니다.

『퓨처 마인드』의 저자 리처드 왓슨은 "인간은 더 이상 스스로 머릿속에 저장하려고 하지 않는다. 모든 지식은 구글 창고에 있어서 언제든지 검색하면 된다고 생각하기 때문이다"라고 말합니다. 인간의 두뇌에 저장하지 않고 컴퓨터에 저장된 것을 꺼내 쓰다 보니 인간은 점점 더 지식을 저장하고 생성하고 가공하는 기능을 잃어버린다고 염려하고 있습니다. 스스로 분석하고 평가하며 창의적인 생각을 하는 고등사고기능을 상실해간다는 뜻입니다.

우리는 눈으로 열심히 텔레비전이나 광고를 보지만, 그것을 이해하려고 노력하지 않습니다. 문제는 이해 못하는 데서 그치는 게 아니라, 그것이 서서히 우리의 정신세계에 침투하여 우리의 의식을 점령한다는 데 있습니다. 우리의 뇌는 자주 보았던 것들을 친근하게 여기고 그것들을 진짜로 인식하게 되니까요. 프랑스의 철학자 장 보드리야르가 "현대인은 읽을 수 있으나 읽지 않는 문맹인이다"라는 말을 한 것도 이를 두고 한 말이 아닐까요?

문화에 무지한 디지털 세대

"디지털 시대, 21세기의 10대는 문화에 있어서 시골뜨기이다."

이 말은 선마이크로시스템스Sun Microsystems의 공동창업자 빌 조이가 한 말이라고 합니다. 이런 말이 나온 까닭은 무엇일까요?

디지털 시대에 사람들은 너무 많은 정보를 처리하느라 뇌가 지쳐서 정작 논리적으로 분석하거나 새로운 지식을 생성하는 데에

뇌를 쓸 여력이 없습니다. 사람들이 스마트폰을 통해 무엇을 하고 무슨 생각을 하는지 조금만 관찰해도 쉽게 그 답을 얻을 수 있습니다. SNS에 올라온 정보들을 읽는 것이 일상이 되어버린 지금, 사람들은 골치 아픈 뉴스나 고전, 사회과학 도서, 철학적 사유를 필요로 하는 글을 읽으려 하지 않지요. SNS에 올라온 지식들 중에도 유익한 것들이 있겠지만, 일단 이런 글들의 특성은 친근성과 근접성입니다. 끼리끼리 어울리면서 주고받는 정보가 대부분이라는 뜻입니다. 그러다 보니 오히려 문화를 읽어내는 관점이나 시야가 제한될 수도 있습니다.

문화에 무지하다, 문화를 읽어내는 능력이 촌뜨기 수준이라는 말은 결국 인터넷 매체의 특성을 잘 모르고 그것에 매몰되어버리는 사람을 두고 한 말입니다. 다시 말하면 디지털 매체의 특성을 이해하지 못한 채 고정적 사고에 휘말리는 사람들을 일컫는다고 할 수 있지요. 고정적 사고에 휘말린다는 것은 자신만의 생각, 스스로 생각하는 능력이 부족하여 창의적인 생각을 하지 못한다는 말과 같습니다.

독서는 문화를 이해하는 능력이다

그렇다고 미디어가 결코 가까이해서는 안 되는 괴물은 아닙니다. 텔레비전을 거실에서 치운다고 해서 미디어로부터 자유로울 수는 없지요. 이미 미디어는 공기와도 같이 우리의 환경 그 자체가 되어버렸습니다. 그러므로 해결책은 미디어를 이해하고 비판할 수 있는 능력, 나아가 미디어를 활용하고 미디어를 통해 사회 변화를 주도할 수 있는 능력을 기르는 것입니다. 이것을 전문용어로는 '미디어 리터러시Media Literacy'라고 합니다. 우리보다 앞서 미디어 리터러시의 중요성을 인식한 영국, 캐나다와 같은 나라에서는 이미 1980년대부터 미디어 교육을 공교육에서 실시하고 있습니다. 우리나라는 최근 7차 개정교과서에서부터 국어 과목에서 미디어 리터러시를 담당하고 있지요.

미디어 리터러시는 독서를 바탕으로 모든 매체들을 이해하고 분석하며 비판하고 창의적으로 재구성하는 능력입니다. 따라서 책을 제대로 읽고 창의적인 생각을 하되 책과 미디어를 연결지어 새로운 것을 창출해낼 줄 알아야 합니다. 소설을 영화로, 애니메이션으로, 뮤지컬로, 광고로 변환할 줄 알아야 하며, 반대로 영화를 다시 소설로 구성할 줄도 알아야 합니다. 매체를 변환하는 것에서 나아가 건축, 패션, 미술, 행정 등 모든 분야로 확장할 수 있어야 합니다. 이런 이유에서 오늘날의 독서력은 문화 문식성, 문화적 감수성으로 정의하기도 합니다.

오늘날의 독서력을 문화 문식성이라고 말하는 이유는 독서의 대상을 단지 인쇄매체인 책으로만 한정하지 않고 모든 매체를 독서의 대상으로 보아야 한다는 것을 의미합니다. 이런 인식의 바탕에는 우리가 문학이라고 말하는 소설이나 에세이, 시가 더 이상 유일하고 자율적인 전체가 아니라 수많은 사회문화적 기호들이 포함된 복합적이고 상호적인 텍스트라는 것을 인정하고 있다는 뜻입니다. 이를 '상호텍스트성Intertextuality'이라는 좀 생소한 용어로 설명하고 있는데요. 알고 나면 금방 고개를 끄덕일 만한 말입니다.

아이들에게 '천국'을 그리라고 하면 천사가 날아다니는 모습이나 아름다운 궁궐, 때로는 외계인을 그립니다. 어떤 아이는 쿨쿨 자는 곳으로 그리기도 하지요. 왜 그렇게 그렸냐고 물으면 교회나 성당에서 보았거나 동화나 텔레비전, 영화, 만화, 미술관에서 보았다고 말하는 아이들이 많습니다. 아이들의 머릿속에 들어 있는 천국에 대한 이미지는 매체에서 본 것들이지요. 이렇게 천국이라는 이미지는 미술, 종교, 동화, 드라마, 영화, 만화, 대중가요, 철학에 이르기까지 다양한 매체들 속에서 서로 연관성을 가지면서도 복합적으로 작용합니다. 이것을 상호텍스트성이라고 합니다.

따라서 문화 문식성이란 상호 복합적으로 작용하는 이런 이미지들을 이해하고 창의적으로 재생산해낼 수 있음을 뜻합니다. 책과 매체를 연결지어 해석하고 문화를 읽어낼 수 있는 능력, 이것을 다른 말로 매체통합독서라고 할 수 있습니다. 매체통합독서의 바탕이요 뿌리는 결국 인문독서입니다.

09

인문독서,
세상에서 가장 강력한 치유

감정 들여다보기

그 옛날 고대 이집트의 람세스 2세는 테베에 있던 자신의 궁전에 상당한 규모의 도서관을 만들었는데, 그 도서관을 "영혼을 위한 치유의 장소"라고 불렀습니다. 그리스 사람들도 도서관을 "영혼을 위한 약의 저장소"라고 했다고 합니다. 고대인들이 그랬듯이 현대의 많은 사람들도 책을 통해 자신의 본성을 탐색하고 위안을 받으며 고민이나 걱정거리를 해결합니다. 책에는 사람의 마음을 치유하고 변화시키는 마법과 같은 힘이 들어 있는 것이지요.

마음에 깊은 울림을 던져주었던 책을 떠올려보세요. 처음에는 주인공의 처지가 마치 내 처지인 양 느껴져서 풍덩 빠져들었겠지요. 그러면서 '아, 나도 그렇게 느꼈었는데', '맞아, 나도 그런 말을 하고 싶었어!', '나만 겪는 문제가 아니었구나!' 하고 고개를 끄덕입니다. 책을 읽는 도중에 독자는 등장인물이 느끼는 감정들, 분노, 슬픔, 죄책감, 두려움, 기쁨, 부러움 등을 함께 느끼기도 합니다. 때로는 함께 울기도 합니다. 그렇게 울다 보면 감정의 응어리가 풀리고 해방감을 느끼게 되지요. 굳이 눈물을 흘리지 않더라도 뭉클한 감동이 밀려오거나 뿌듯한 감정에 사로잡힐 때도 있습니다.

이럴 때 중요한 것은 '내가 이런 감정을 느끼는 이유는 무엇일까?' 하고 마음에서 일어나는 감정들을 가만히 들여다보며 감정의 동기와 원인을 생각해보는 것입니다. '주인공은 어떻게 갈등과 문제를 해결했지?' 하고 돌아보면서 '아, 나도 그렇게 해결하면 되겠구나!' 하고 해결 방법을 찾아봅니다. 이것을 통찰, 또는 각성이라고 말하지요. 자기 문제를 통찰한다는 것은, 등장인물들이 왜 그렇게 행동했는지 그 행동의 동기를 알게 됨으로써 문제를 둘러싼 다양한 상황과 사람들의 처지, 입장을 이해하는 것입니다.

마음에 위안과 힘을 주는 책은 꼭 소설만이 아닙니다. 때에 따라서는 신문이나 잡지에 실린 한 편의 글, 시 한 구절, 시련을 이겨낸 자서전, 진실이 담긴 수필 등을 읽고 감동을 얻을 수 있습니다. 청소년기의 방황과 고민, 희망을 담은 성장소설이나 심리학자들이 쓴 치유 에세이를 통해서도 위로를 받고 자기 문제를 통찰하기도 합니다.

그런데 독서를 통해 치유가 일어나려면 일단 책을 읽을 줄 아는 기본 독서력이 필요합니다. 등장인물의 처지와 환경, 대인관계와 심리에 공감할 줄 알아야 교류가 일어나고 각성이 되며 통찰을 할 수 있겠지요. 『마당을 나온 암탉』 같은 감동적인 소설을 읽고도 주인공의 처지와 감정에 공감이 안 되면 소용이 없습니다. 그래서 어른이 아이와 함께 책을 읽으면서 대화를 통해 도움을 주어야 합니다.

엄마 품에 안겨 책을 읽은 기억만큼 좋은 치유도 없다

책을 읽고 함께 대화를 나누는 것이 얼마나 아름다운 정경인지를 새삼 느끼게 해주는 책이 있습니다. 에스더 M. 스턴버그의 『공간이 마음을 살린다』라는 책입니다. 저자는 신경건축학이라는 다소 생소한 분야를 공부한 사람으로 건강전문가입니다.

이 책은 우리가 숨 쉬고 살아가는 공간이 우리의 몸과 마음에 영향을 미친다는 지극히 상식적인 생각을 여러 과학적인 근거와 사례를 들어 꽤 설득력 있게 보여줍니다. 이를테면 아름다운 정원, 큰 창으로 비치는 햇살, 성지 등이 우리의 몸과 마음에 치유의 힘을 발휘할 거라는 것은 어느 정도 짐작하지만 과학적인 근거를 알기는 어려운데요, 이 책은 심리학, 뇌 과학, 의학 등을 동원하여 쉽게 알려줍니다.

이 책에서 꼭 새겨들을 점은 누구나 자신을 위한 치유 공간을 만들어낼 수 있다는 점입니다. 바쁜 일상의 삶 속에서 잠깐이라도 시간을 내어 자신만의 작은 공간을 만들고 그곳에서 쉴 수 있다면 우리는 치유될 수 있다는 것이지요. 그런데 그는 "가장 강력한 치유의 힘을 지닌 곳은 바로 우리 뇌와 마음속에 있다"고 말합니다. 무슨 뜻일까요? 우리 마음속에 자신만의 작은 섬을 만들 필요가 있다는 뜻입니다. 그곳은 힘들 때 잠시 머물고 싶은 곳인데요, 그게 이미 마음속에 들어 있다는 것이지요.

쉽게 말하면, 그곳은 눈을 감고 떠올리면 엄마 품에 안긴 것처럼 편안해지고 빙그레 웃음이 나오는 곳입니다. 마음속에 늘 살아 있고 언제든 찾아갈 수 있는 공간이지요. 흔히 사람들은 그런 공간으로 고향집 마당이나 친구들과 뛰놀던 골목길, 조용한 산길, 따뜻한 강물 등을 떠올리잖아요. 마음속 이런 공간들은 아주 소중한 것입니다. 힘들 때 잠시 그곳으로 가서 머물면 마음의 평화를 얻을 수 있기 때문이지요. 시간을 내어 그 장소를 찾아갈 수도 있겠지만, 굳이 가지 않아도 됩니다. 잠시 눈을 감고 떠올리기만 해도 우리는 공간 이동을 통해 마음속 치유의 공간으로 들어갈 수 있으니까요. 일종의 마음속 그림책이라고 할 수도 있지요.

그런데 마음속 치유의 공간은 특히 어릴 적 추억과 관계가 많습니다. 순수한 어린 시절 온전히 자신으로 충만되어 기쁨을 누렸던 순간이 바로 치유가 일어나는 공간입니다. 따뜻하고 편안한 침대에서 엄마 품에 안겨 함께 책을 읽던 순간도 그런 마음속 아름다운 공간으로 남을 것입니다.

◉◉◉

아이가 책을 좋아하게 만드는 데 가장 효과적인 특효약은 읽어주기, 또는 함께 읽기입니다. 함께 읽으면서 이야기를 나누는 즐거움을 느끼게 해야지요. 책 내용을 이해시키려고 하거나 가르치려고 할 게 아니라 그냥 이야기를 나누는 것으로 충분합니다.

Chapter 4

처음 시작하는
4가지 인문독서법

"독서는 다만 지식의 재료를 공급할 뿐이며,
 그것을 자기 것이 되게 하는 것은 사색의 힘이다."
　－ 존 로크

01

읽어주기

처음부터 책을 좋아하는 아이는 없다

아이가 책을 좋아하게 만드는 최고의 특효약은 '읽어주기'입니다. 아이들은 처음부터 책을 좋아해서 읽는다기보다 부모와 함께 책을 읽는 것을 좋아하다 보니 점차 책 속의 이야기에 재미를 느끼게 됩니다. 그래서 책을 읽어줄 때는 엄마의 따뜻한 가슴을 느낄 수 있도록 아이를 무릎에 앉혀 읽어주는 것이 좋습니다.

혹시 부모가 읽어주려고 해도 싫어하는 아이가 있다면 그 이유를 잘 생각해보세요. 책을 아이의 욕구를 방해하는 방해꾼으로 만들지는 않았는지 말이지요. 친구랑 신나게 놀고 있거나 블록 쌓기를 하고 있는데 "그만 놀고 책 보자"라고 하면 아이는 책을 놀이의 방해꾼으로 여기고 책을 싫어하게 될 수 있습니다. 또 책을 읽어주면서 야단을 치고 캐묻듯이 질문을 하여 자녀가 시험을 치르는 기분이었다면 부모와 함께 읽는 것을 좋아할 리 없겠지요. 책을 읽어주는 시간은 즐겁고 행복한 순간이어야 합니다.

평소에 부모가 하는 말 때문에 책을 읽고자 하는 마음을 접는 경우도 있습니다.

"너는 왜 만날 만화책만 읽고 있니?"

"네 수준에 맞는 책 좀 읽어라."

"옆집에 누구는 중학생 책도 척척 읽는다던데…."

부모가 무심코 던지는 이런 말은 책을 읽고 싶은 마음을 꺾어버립니다. 책을 싫어하는 아이일수록 이런 말보다는 용기를 주는 말이 필요합니다.

"책을 보더니 아는 게 많아졌구나!"

"어디 무슨 내용인지 함께 볼까?"

"어떤 부분이 가장 인상 깊었니?"

"등장인물 중에 누가 가장 마음에 들었어?"

막연한 질문보다는 구체적으로 답할 수 있고 대화가 이어질 수 있으며 긍정적인 반응을 얻을 수 있는 질문을 하는 게 좋습니다.

읽어주기의 4가지 조건

❶ 아이가 좋아하는 책을 읽어준다

아이가 책을 좋아하게 하려면 먼저 아이가 좋아하는 책을 읽어주는 것이 좋습니다. 많은 아이들은 자기가 좋아하는 책이 정해져 있습니다. 매일 밤 같은 책을 또 읽어달라고 하지요. 부모 입장에서는 다양한 책을 읽었으면 좋겠다고 생각하겠지만 아이들은 자신이 좋아하는 책을 자꾸자꾸 읽고 싶어 합니다. 앞에서도 말했듯이 좋아하는 사람을 매일 만나고 싶듯 아이들에겐 책도 인격적인 존재로 여겨지는 것입니다. 그래서 아이들은 같은 책을 계속 읽음으로써 심리적 안정감을 얻기도 합니다. 그러므로 아이가 원하는 책을 실컷 읽어주고 나서 새로운 책을 읽어주는 것이 아이가 책을 좋아하게 하는 한 방법입니다.

한 권의 책을 반복해서 읽는 것은 책 내용을 잘 이해하는 데에도 도움이 됩니다. 인지심리학자들에 따르면 어릴 때는 전체를 보는 시야가 발달되지 않아서 여러 번 보아야 전체 줄거리를 이해한다고 합니다. 그러니까 아이들은 똑같은 책이라도 읽을 때마다 다르게 느낀다는 것이지요. 한 권의 책을 여러 번 반복해서 읽어주려고 하니 너무 힘들다고요? 그럴 땐 녹음을 하여 들려주는 방법도 있으니 너무 어렵게만 생각하지 마세요.

❷ 일대일로 읽어준다

책을 읽어줄 때는 일대일로 읽어주는 게 좋습니다. 형제를 같이 앉혀놓고 읽어주다 보면 경쟁 심리가 발동하고 부모의 태도에 따라 형이나 동생 한쪽이 심리적으로 비교당하는 기분을 느낄 수 있습니다. 그러므로 시간 간격을 두고 따로 읽어주는 것이 효과적입니다. 큰애가 동생에게 그림책을 읽어주도록 유도하여 큰애로 하여금 자신감을 갖게 하는 방법도 있습니다.

책을 고르는 것도 중요합니다. 책을 고를 때는 아이가 흥미 있어 하는 분야의 책, 아이가 이해할 수 있는 수준의 책을 골라주어야 합니다. 너무 어려운 책을 권하거나 읽어주면 자칫 좌절감을 느껴서 책을 멀리하게 될 수도 있습니다. 물론 아이가 스스로 고른 책이라면 좀 어려운 책도 괜찮습니다. 어려우면 어려운 대로 읽으면서 배울 수도 있고 때로는 성취감을 느끼기도 하니까요. 일반적으로 부모가 책을 읽어줄 때는 자기 연령 수준이거나 한 단계 높은 수준의 책도 좋습니다. 하지만 혼자 읽을 때에는 이해하기 쉬운 책이 적당합니다.

❸ 책을 읽기 전이나 후 다양한 활동과 체험을 해본다

책을 좋아하게 만드는 또 다른 방법은 책을 읽기 전이나 읽은 후에 바깥놀이를 하는 등 책과 관련된 다양한 활동과 체험을 하는 것입니다. 풀밭에서 무당벌레를 본 후에 집에 와서 무당벌레에 관한 책을 보면, 책 속에는 많은 지식이 들어 있음을 깨달아 책의 가치를 느끼게 됩니다. 그러면 모르는 것이 있을 때마다 책을 찾게 되고 책에 재미를 느끼게 될 것입니다. 또 책과 연계하여 영화나 애니메이션, 연극, 무용 등을 함께 보거나 요리나 북아트 등의 활동을 하면서 자연스럽게 책과 친해질 수 있습니다.

❹ 자신감을 심어준다

유아기까지 또는 초등 저학년까지는 책을 좋아했는데 고학년으로 올라갈수록 점점 책과 멀어져서 걱정이라고 염려하는 부모들이 많습니다. 초등학교 3학년이 되었는데도 스스로 읽지 않고 읽어달라고 하거나 좀 두꺼운 책은 읽으려고 하지 않는다고 말이지요. 이런 경우는 책을 싫어한다기보다 책을 읽어내지 못한다고 생각할 수 있습니다. 또 책을 읽어내지 못할 거라는 두려움을 갖는다고 볼 수 있지요. 학년이 올라갈수록 교과서를 비롯하여 읽을 양이 많아지는데 책을 읽고 이해하지 못하면 학습 전반에 걸쳐 의욕이 떨어지고 자신감에 문제가 생길 수 있습니다.

이럴 때는 책을 못 읽는 것인지 안 읽는 것인지, 왜 그러한지를 잘 관찰하여 읽기에 자신감을 갖도록 도와주어야 합니다. 초등학교 3학년이라도 갑자기 혼자 읽으라고 다그치거나 내버려둘 것이 아니라 전에 재미있게 읽었던 책을 계속 읽어주면서 새 책하고도 친해지도록 각별한 관심을 기울일 필요가 있습니다. 이렇듯 독서 코칭은 자녀에게 관심을 갖고 책에 대한 열의를 갖도록 동기를 불어넣는 것이라고 할 수 있습니다.

02

소리 내어 생각하기

하루 20분 소리 내어 읽어주기

"저희 애는 초등학교 5학년인데요, 초등학교 저학년까지는 책을 좋아해서 자주 읽었는데 학년이 올라갈수록 읽지 않아요. 시간만 나면 게임에, 텔레비전에, 스마트폰에 빠져 있어요."

어떻게 하면 부모가 곁에 없어도 게임이나 텔레비전보다 책을 즐겨 읽는 아이로 키울 수 있을까요? 답은 간단합니다. 책이 게임 이나 텔레비전 못지않게 재미있다는 걸 경험하게 하는 것입니다. 하지만 이게 말처럼 쉽지는 않습니다. 재미있는 책을 읽으라고 사 주거나 권하는 것만으로는 부족합니다. 우선 게임하는 재미 부럽 지 않을 만큼 재미있는 책을 찾기도 어렵고, 읽으라고 권해도 잔소리로 여겨 읽지 않습니다. 또 책에 재미를 못 붙인 아이일수록 주변에서 감동적인 책으로 소개된 책들에 시큰둥합니다. 게임이 주는 마력과 경쟁이 되지 않을 테니까요.

역시 가장 효과적인 방법은 부모가 자녀와 함께 책을 읽는 것입니다. 책과 담 쌓고 지내는 자녀라면 부모가 책을 소리 내어 읽어주어야 합니다. 초등 5학년이라도 마찬가지입니다. 사실 소리 내어 읽어주기는 아기가 엄마 뱃속에 있을 때부터 하는 방법이기도 합니다. 소리 내어 읽어주기는 자녀가 만 5세 무렵에 문자를 습득하게 된 후에도 꾸준히 해야 할 독서코칭 방법입니다. 저는 적어도 초등 3학년 무렵까지는 반드시 소리 내어 읽어주는 시간을 하루에 20분 이상 가져야 한다고 평소 주장합니다.

소리 내어 읽어주는 방법

책을 소리 내어 읽어주는 방법에는 크게 두 가지가 있습니다. 단순하게 책 내용을 읽어주는 방법이 있고, 책을 소리 내어 읽어주면서 생각하는 과정을 보여주는 방법이 있습니다. 전자의 방법은 아직 글 읽기에 서툰 유아나 책 읽기를 아주 싫어하는 아이에게 해보는 게 좋고, 후자는 책 내용을 잘 이해시키고 책 읽는 전략을 가르쳐주는 데에 좋습니다. 먼저 단순하게 읽어주는 방법에 대해 알아볼까요.

책을 읽어줄 때에는 아이의 눈이 부모가 읽어주는 책 페이지에 고정되게 합니다. 읽어주는 소리를 귀로 들으면서 눈으로는 책 속의 문장을 놓치지 않도록 합니다. 이는 듣는 즐거움과 보는 즐거움을 경험하는 동시에 책 읽는 속도를 빠르게 해주는 효과가 있습니다. 또한 낱말을 정확하게 발음하는 것도 배울 수 있지요. 초등 저학년까지는 이렇게 소리 내어 읽어주기를 해줌으로써 책을 유창하고 적절한 속도로 읽게 하는 능력을 기를 필요가 있습니다.

자녀가 소리 내어 읽도록 하는 것도 여러 면에서 좋습니다. 큰 소리로 글을 읽으면 뱃심이 좋아져서 목소리가 커지고 우렁차게 됩니다. 소리 내어 읽다 보면 호흡이 길어져서 점점 오랫동안 읽을 수 있게 됩니다.

도산 안창호 선생은 어려서 동네에서 책 읽어주는 소년으로 유명했다고 합니다. 밤이면 동네 할아버지, 할머니들에게 고전을 소리 내어 읽어주었는데, 어찌나 실감나게 읽어주었던지 사람들이 눈물을 흘리며 들었다고 하지요. 나중에 안창호 선생이 훌륭한 연설을 하여 수많은 청중들을 감동시킨 저력은 아마도 어려서 동네 사람들에게 책을 소리 내어 읽어준 데서 비롯된 것이 아닐까요?

소리 내어 읽으면 글을 집중해서 읽게 됩니다. 정확하게 읽으려면 눈을 부릅뜨고 글자를 봐야 하니까요.

또, 소리 내어 책을 읽으면 기분이 좋아집니다. 그래서 어떤 심리학자는 좋은 글을 소리 내어 읽는 것만으로도 상처 입은 감정을 치유하는 효과가 있다고 말합니다. 소리에 치유의 힘이 담겨 있다는 것이지요. 좋은 음악을 들을 때 마음이 안정되고 스트레스가 해소되는 것과 같은 이치이겠지요.

소리 내어 생각하기

이번에는 책을 소리 내어 읽어주되, 사고하는 방법을 가르쳐주는 코칭 방법에 대해 소개할게요. 이 방법은 '소리 내서 생각하기 Think Aloud'라는 방법입니다.

예를 들면, 책을 읽어주다가 과거의 경험이나 어떤 생각이 떠오르면 책 읽기를 잠시 멈추고 그 생각을 소리 내어 말하는 것입니다. 『심청전』을 읽어주다가 심청이 연꽃에서 나오는 장면에서 잠시 멈추고 "연꽃은 절에서 자주 보는 꽃이야. 연꽃은 더러운 진흙에서 아름답게 피어나기 때문에 불교에서는 속세의 더러움을 씻고 해탈한 의미로 연꽃을 많이 사용하지"라고 말합니다. 또 글을 읽다가 어려운 낱말이 나오면 책 속에서 그 의미를 찾아봅니다.

"흥청망청? 이게 무슨 뜻이지? 다시 읽어보자. 아, 돈을 마구 쓰는 것을 말하는구나. 어디 사전에서 더 자세한 뜻을 알아볼까? 여기 유래가 나와 있네. 조선시대에 연산군이 흥청이라는 기생들과 놀아나다가 쫓겨났다고 해서 생긴 말이구나."

이렇게 먼저 책 속에서 낱말 뜻을 찾아보고, 나중에 사전을 찾는 시범을 보여줍니다.

그밖에도 책을 읽으면서 감동적인 장면이 나오면, "아, 주인공이 이렇게 행동하다니 마음이 찡하네" 하면서 느낌을 표현하고, 중요한 부분에서는 "앗, 이게 중요한 말인 것 같다, 다시 읽어봐야겠네" 함으로써 책을 읽을 때에는 중요한 부분을 기억하기 위해 여러 번 읽어야 한다는 것을 보여줍니다.

독서를 연구하는 학자들은 '소리 내서 생각하기' 방법이 아이들에게 책 읽는 방법을 가르쳐주는 데에 매우 효과적이라고 말합니다. 아이들은 부모나 교사가 하는 것을 보고 스스로 잘 읽는 방법을 배우게 되니까요. 물론 이런 시범을 한두 번 하는 것으로 금방 아이가 스스로 잘 읽게 되리라고 기대해서는 안 됩니다.

독서코칭은 아이의 현재 상황과 책에 대한 태도, 수준, 흥미 등을 고려하여 적절한 방법으로 시도해야 합니다. 즉, 책을 안 읽는 것인지, 못 읽는 것인지를 알아보고 어떻게 도움을 주어야 할지 궁리해보아야 합니다.

03

성격에 따라
다르게 읽기

성격을 알아야 잘 키울 수 있다

성격에 따라 어떻게 독서를 하면 좋을까요?

성격 연구는 오래전부터 있어왔지만 비교적 최근에 연구된 성격유형 이론인 MBTI 성격유형 이론을 바탕으로 소개해보려고 합니다. MBTI는 마이어스와 브릭스에 의해 1900년에서 1975년에 걸쳐 개발되었습니다. 두 사람은 모녀지간입니다. 두 사람은 심리학자도 아니었고 심리학 분야에 어울리는 학위도 없었습니다. 하지만 마이어스와 브릭스는 독자적으로 성격유형 이론을 꾸준히 연구하였고, 그러던 중 스위스의 정신과 의사였던 칼 구스타프 융이 1920년에 '심리유형론'을 발표했음을 알고 융의 이론을 바탕으로 더욱

체계적으로 이론을 정리했습니다.

이 책에서 마이어스는 사람마다 고유한 성격의 패턴이 있음을 밝히면서 사람들이 이 세상에 대해 저마다 다르게 반응하고, 이해하는 방식도 각기 다르며, 그 방식에는 절대로 우열이 없다는 걸 강조합니다. 성격의 좋고 나쁨이 없다는 뜻입니다. 결국 사람마다 자기만의 삶을 살아가는 독특한 방식이 있을 뿐이라는 것이지요. 따라서 부모가 자녀를 양육할 때 고유하게 타고난 성격을 이해하고 그것을 인정해주어 성격의 꽃을 활짝 피우도록 하는 게 중요합니다. 만약 자녀의 성격적 특성을 지나치게 무시하고 부모 마음대로 키우려고 하면 자칫 신경증 노이로제 증상이 나타날 수 있다고 말합니다.

성격을 인정해주면 자존감이 높아진다

부모가 자녀의 자존감을 높이는 첫걸음은 자녀의 타고난 성격을 인정해주고 받아주며 장점을 살려주는 일입니다. 성격은 곧 타고난 고유의 기질, 곧 '자기'가 어떤 사람인가를 말해주는 본성이기 때문에 자녀의 성격을 받아주는 일이야말로 자녀의 자존감, 존재감을 높이는 일입니다. '난 참 괜찮은 성격을 지닌 사람이야'라는 생각도 부모로부터 형성된다고 할 수 있습니다.

자존감이 떨어지는 아이들은 자신은 부모에게 늘 거부당하고 버림받고 있다는 정서가 강하기 때문에 무슨 일이든 해봤자 좋은 소리를 못 들을 거라는 생각이 지배적이지요. 그러다 보니 부모 역시 "넌 왜 하는 일마다 그 모양이니?"라는 말을 자주 하게 되고 그 말을 듣는 자녀도 '역시 우리 엄마는 나를 좋아하지 않아' 하며 자신이 별 볼일 없는 존재임을 재확인하게 됩니다.

부모로부터 자존감을 얻지 못한 아이들은 학교에서도 자존감을 세우지 못하게 마련입니다. 선생님이 무언가를 해보라고 요구했을 때나 수업 시간에 발표를 할 때에도 '나는 인정받지 못할 거야. 선생님이 나의 실수에 대해 야단치면 어떡하지?'라는 생각을 하게 되겠지요. 선생님과 친구들도 부모님처럼 자신을 거부할 거라고 여기는 것입니다.

자존감은 다른 사람이 자신의 잘못을 지적하고 어른이 꾸중을 해도 그것이 꾸중 이상의 의미는 없다고 여기는 것입니다. 다시 말하면 자기가 잘못을 한 것은 어쩌다 실수를 하였거나 잘못 판단하여 저지른 것이지 그로 인해 선생님이나 친구가 자기를 미워하고 거부할 거라고 생각하지 않습니다. 실수와 잘못을 저질러도 자기 자신은 여전히 소중한 사람이므로 앞으로 실수를 덜하고 잘못을 고치면 된다고 생각하는 것입니다.

그러나 자존감이 낮은 아이는 선생님이 지적하는 한 마디, 혹은 오해에 대해 자기를 공격하거나 미워하는 것으로 여깁니다. 선생님이나 친구가 자기를 거부하고 미워하고 있기 때문에 사실을 말해도 받아주지 않을 거라고 생각하는 것입니다. 자존감이 낮으면 자기 자신은 물론 타인까지도 믿지 못하게 된다는 것을 알 수 있습니다.

인성은 자존감에서 출발합니다. 자기가 소중한 만큼 다른 사람도 소중하다고 여길 때 인성이 발달한 사람이라고 할 수 있습니다. 다른 사람의 감정에 공감해주는 사람, 다른 사람의 입장을 배려해주는 사람, 인간의 고통과 어려움, 약점을 이해하고 감싸주는 마음 모두가 높은 자존감에서 시작된다고 할 수 있지요.

성격에 따라 다르게 하는 독서방법

성격 연구자들에 따르면, 일반적으로 성격이 책을 좋아하고 싫어하는 데에 영향을 준다고 합니다. 제가 실험 연구해본 결과도 그렇습니다. 서울 시내 남녀 중학생 300명을 대상으로 MBTI 성격유형과 독서태도에 대한 검사를 실시하여 그 관련성을 추출해보니, 성격에 따라 적절한 독서지도를 하는 게 좋다는 걸 알 수 있었습니다. 우선 외향성인 사람은 책을 읽은 뒤 대화하고 토론하기를 좋아하며 함께 읽거나 남에게 읽어주기를 좋아합니다. 또 친구들과 함께 이야기 나누며 독서활동 하기를 선호하고 읽은 내용을 연극으로 표현하기도 좋아합니다. 그러므로 외향성 자녀의 책 읽기를 돕는 방법은 무엇보다 자녀와 책을 함께 읽고 이야기를 나누는 것이겠지요. 책을 읽고 이야기를 나누거나 책과 관련한 내용을 나누는 것이 독서의 즐거움을 높이고 더불어 이해력을 높일 수 있습니다.

일기나 작문을 할 때에도 쓸 내용을 먼저 말로 해보게 한 다음 자신이 했던 말을 떠올리며 글로 정리하도록 도와주면 도움이 될 것입니다. 외향성 자녀의 독서 동기를 끌어내는 강력한 방법은 다른 사람에게 도움이 될 만한 과제를 주는 것입니다. 자기가 조사하고 만든 것이 다른 사람에게 쓰인다고 생각될 때 외향성 아동은 크게 고무되고 흥분하여 책을 열심히 읽을 것입니다.

내향성인 자녀는 말로 설명해주기보다 필요한 자료를 먼저 읽어보도록 하는 것이 좋습니다. 내향성 아동은 갑자기 대화하자고 하거나 토론하는 것에 긴장을 하므로 준비하고 생각할 시간을 주는 것이 필요합니다. 발표하거나 말하기 전에 글로 먼저 써보거나 할 말을 고르도록 여유를 주어야 합니다. 질문을 한 뒤 바로 대답을 하지 않는다고 급하게 다그치면 더 불안해하고 말문을 닫을 수도 있습니다. 자녀가 내향성이라면 자녀의 흥미와 취향을 존중하여 책을 사주고, 책을 읽은 후 그 책의 내용이 아이에게 어떤 의미를 주었는지 일대일로 깊이 있는 대화를 나누는 게 좋습니다.

한편, 자녀가 외향성이라고 하여 늘 부모와 함께 책을 읽을 수는 없는 일입니다. 또 내향성이라고 하여 늘 대답을 기다려줄 수만은 없습니다. 듣고 말하고 읽고 쓰는 일은 성향에 관계없이 누구나 세상을 살아가기 위해 길러야 하는 기능입니다. 그러므로 자녀의 성향을 이해하여 독서에 대한 동기를 높이는 것과 함께 자신의 성향에서 좀 더 개발해야 할 부분을 찾아 노력하는 것도 중요합니다. 차분하게 혼자 책 읽는 습관을 들이기 힘든 외향성 자녀는 부모가 계속 독서의 동반자 역할을 해주면서도 차츰 혼자서 책 읽는 습관을 기르도록 주변에 주의집중을 방해하는 것들을 치워야 합니다. 내향성 자녀라면 친밀감 있는 그룹 활동을 통해 자신의 의견을 효과적으로 표현하는 기회를 갖도록 하는 등 세심한 보살핌이 필요할 것입니다.

외향형일까, 내향형일까?

외향형의 행동방식	내향형의 행동방식
• 자기가 한 행동을 자랑하고 자기를 널리 알리고 다니기를 좋아한다. • 먼저 일을 해본 후에 다른 사람의 반응이나 경험을 토대로 자기 행동을 돌아본다. • 혼자 지내는 것을 싫어하여 늘 친구를 끼고 다닌다. • 동시에 많은 활동에 개입하고 뭐든지 하겠다고 덤비는 경향이 있다.	• 침착하다는 소리를 자주 듣는다. • 조용히 할 일을 하고, 맡은 일에 강한 집중력을 보인다. • 예측해본 후에 행동에 옮길 만큼 신중하다. • 혼자 앉아 생각에 잠기는 것을 좋아한다.

외향형을 위한 독서코칭

• 책을 읽기 전이나 읽으면서, 읽은 후에 이야기 나누기를 좋아하므로

자녀가 무엇을 생각하고 느끼는지 활발하게 대화를 나눈다.

- 가족들이나 사람들 앞에서 알게 된 내용을 자유롭게 말할 기회를 자주 마련하고 격려한다.
- 말에 두서가 없고 논리성이 떨어지더라도 야단치지 말고 잘 경청한 후 핵심을 정리하여 반응해준다. ("그러니까 네가 하고 싶은 말은 이런 것이란 말이지?")
- 책을 먼저 제공하기보다 부모가 먼저 책 내용에 대해 재미있게 말해 준 다음 읽기를 권한다.
- 글을 쓸 때에도 쓸 내용에 대해 부모와 대화를 나눈 후에 쓴다.
- 외향형의 장점을 강조하여 자존감을 높여준다.

내향형을 위한 독서코칭

- 책을 조용히 읽을 수 있는 공간을 제공하고 주변을 조용히 만든다.
- 책을 읽은 후 대화를 나눌 때 얼른 답을 말하지 못하더라도 다그치 거나 야단치지 않는다. (내향형 아동은 질문을 자세히 분석한 후 적절한 답을 준비하고 있는 중이다.)
- 가족이나 다른 사람들 앞에서 발표할 때에는 미리 말하여 준비할 시간을 주어야 한다.
- 발표할 내용을 미리 쓴 뒤 준비하게 도와준다. (발표가 끝난 후 칭찬 으로 자신감 키우기)
- 먼저 책을 준 다음 무슨 내용인지 살펴보게 하고, 무슨 생각을 했는 지 물어본다.

- 내향형의 장점을 강조하여 자존감을 높인다.

감각형일까, 직관형일까?

감각형의 행동방식	직관형의 행동방식
•세부적인 것까지 자세히 기억하여 묘사한다. •눈썰미가 좋다는 소리를 자주 듣는다. •모방하기를 좋아하여 다른 사람이 하는 것을 따라 하고 싶어 하는 경향이 있다. •대체로 생일 날 책보다는 케이크나 근사한 물건을 선물로 받기를 좋아한다.	•겪은 사건의 사실보다 그 사건의 이면에 감추어진 의미를 생각한다. •미래에 대해 자주 이야기하고, 가상 놀이를 즐긴다. •종종 멍한 표정으로 온갖 상상의 나래를 펼친다. •자기만의 아이디어로 남과 다른 독창적인 방법을 고안하기를 즐긴다.

감각형을 위한 독서코칭

- 어떤 것에 대해 설명할 때는 단순하고 쉽게, 또 구체적으로 설명해 준다.

- 비약적으로 건너뛰어서 설명하면 어려워한다.

- 반복형 학습 스타일이다.

- 낯설고 새로운 것을 읽게 하거나 말하게 하면 힘들어한다.

- 이미 경험한 것이나 친근하게 알고 있는 것을 활용하여 말하게 한다.

- 추상적인 원리 이해보다는 실제 사례를 들어 설명할 때 잘 이해한다.

- 책을 제대로 읽었거나 독서 시간을 잘 지켰을 때 적절한 물질적 보

상도 필요하다.

- 책을 보기 전에 현장 체험을 가보거나 연계 활동을 해두면 더 잘 이해하고 흥미를 가진다.
- 독서가 현실적으로 왜 필요한지를 설명해준다.
- 책을 여러 번 읽어서 내용을 익힌 후에 정리해보게 한다.
- 세부 내용을 묶어서 의미 추론하는 작업을 해보도록 코칭한다.

직관형을 위한 독서코칭

- 새로운 책이나 호기심을 유발할 만한 책을 제공한다.
- 핵심 내용을 잘 파악하나 세부 내용을 간과할 수 있다.
- 책에 대한 흥미를 떨어뜨리지 않는 범위 안에서 세부 내용을 점검하는 습관이 필요하다.
- 만약 자신이 작가라면 어떻게 내용을 구성하였을지 생각해보게 한다.
- 제목을 다시 짓거나 뒷이야기 지어보기, 주인공이 되어 다시 해보기 등 상상하는 작업을 많이 한다.
- 뻔한 답을 요구하는 질문보다는 열려 있는 질문이 바람직하다.
- 틀에 맞추어 정리하기보다 자기만의 표현 방법대로 표현하도록 허용한다.

사고형일까, 감정형일까?

사고형의 행동방식	감정형의 행동방식
• 판단할 때 어떤 원칙에 따라 하려는 경향이 강하다. • 스스로를 '잔머리의 대가'라고 표방하기까지 한다. • 친구들 사이라도 때때로 냉정하다 할 만큼 원칙을 내세운다. • 자기 논리로 무장되어 있어 고집 센 아이로 비쳐질 수 있다.	• 억울한 일이나 두려운 일이 생기면 얼굴에 감정이 여실히 나타나고 눈물부터 나오는 경우가 많다. • 일보다 친구, 선생님에 대해 관심이 많다. • 서로 정서적으로 통할 때 매우 행복해한다. • 잘못을 지적하면 자신을 싫어하는 것은 아닌지 고민하며 의기소침해지기도 한다.

사고형을 위한 독서코칭

• 책을 읽은 후에 책의 구조에 맞게 정리하기를 원한다.

• 책의 등장인물이나 작가의 생각을 따지거나 비판하기를 즐긴다.

• 책에서 비논리적인 점을 찾아보게 하고 격려한다.

• 부모가 보기에는 유치한 논리라고 하더라도 타당성이 있으면 일단 인정해준다.

• 필요 이상으로 부정적인 반응을 보일 때에 감정적으로 대응하지 말고 합리적으로 대화한다.

• 등장인물이 한 행동의 동기를 잘 살펴보고 공감하도록 배려한다.

• 토론을 즐기는 스타일이므로 책을 읽은 후 주제를 정하여 토의, 토론을 한다.

• 어른의 권위와 논리로 무조건 억누르려고 해서는 안 된다.

감정형을 위한 독서코칭

- 책을 읽으면서 주인공의 행동이나 감정에 공감하기를 잘한다.
- 대체로 문학류를 좋아하므로 비문학 책들을 읽어주어 균형 있는 독서를 하게 한다.
- 책 속의 인물에 동일시하여 이야기할 때에는 공감하고 호응해준다.
- 객관적인 정보들을 제시하여 말을 하거나 글을 쓰도록 이끈다.
- 자기주장을 펼칠 때 구체적인 근거와 사례를 들어 말하도록 한다.
- 책을 읽은 후 여럿이 그 책에 대한 이야기를 나누는 시간을 함께 가지는 것이 좋다.
- 독서가 다른 사람에게 도움이 되는 일이라고 하면 더 열심히 한다.

판단형일까, 인식형일까?

판단형의 행동방식	인식형의 행동방식
• 빨리 결론을 짓고, 일을 계획하고, 그것들을 조직적으로 수행해가는 것을 좋아한다. • 일단 자기 안에서 결정이 되면 더 이상 다른 의견을 듣지 않으려고 하는 경향이 있다. • 다음날 제출해야 할 숙제를 두고는 잠을 이루지 못한다. • 집안에 있는 물건들은 모두 제자리에 있어야 편안함을 느낀다.	• 한꺼번에 여러 가지 일을 벌이지만 뒷마무리가 약하다. • 숙제를 안 해갈 수도 있지 뭘 그러냐고 한다. • 숙제를 미루었다가 한꺼번에 뚝딱 해치운다. • 판단형 엄마의 눈에 매우 느리고 굼뜨고 지나치게 여유만만으로 보인다.

판단형을 위한 독서코칭

- 독서하는 시간과 책, 방법에 대해 미리 계획을 짠 뒤 실행한다.

- 책의 구조와 설계를 이해한 다음 정리하도록 한다.

- 대화를 할 때 결론을 맺고 무엇을 실행할 것인지 구체적인 대안을 제시한다.

- 성급하게 결론을 내리기보다 때로는 결론을 유보할 수도 있음을 이해시킨다.

- 필독서 위주로 읽는 것도 좋지만 평소에 다양한 분야의 책을 읽을 필요가 있음을 인지시킨다.

- 주제를 파악하거나 어떤 문제를 인식하고 해결하는 데에는 다양한 방법과 관점이 있음을 이해시킨다.

인식형을 위한 독서코칭

- 여러 분야의 책을 다양하게 섭렵하기를 좋아한다.

- 이 책 저 책을 넘나들면서 내용들을 연결짓고 종합하고 자율적으로 사고한다.

- 다양한 관점에서 주제를 탐색하는 대화를 한다.

- 좋아하는 책이나 작업을 실컷 하도록 장려한다.

- 독서에 자율성을 주되, 마감 시간을 상기시킨다.

- 좋아하는 책을 스스로 골라 읽게 배려하고 독서할 시간도 스스로 정하게 한다.

- 잊어버리거나 실수를 하더라도 지나치게 야단치지 않되, 다음부터

어떻게 할 것인지 해결책을 제시하도록 한다.

- 의무로 읽어야 할 필독서의 경우 부모가 함께 읽으면서 재미를 느끼
도록 한다.

04

부모가 먼저 읽기

어떤 가정의 분위기에서 성장했는가

제가 아는 어떤 분의 얘기입니다. 그분은 억척스럽게 살아온 덕분에 부자가 되었습니다. 현재 오십 중반의 나이가 되었고 좋은 집에 비싼 차를 끌고 다닙니다. 그런데 얼마 전 큰딸이 우울증 증세를 보여 딸과 함께 치료를 받게 되었습니다. 치료를 받으러 다니면서 '아, 내가 정말 무식하게 딸을 키웠구나. 책 한 권 읽지 않고 교육을 했다니' 하면서 후회가 밀려오더랍니다. 세상에 강아지를 키워도 강아지 키우는 법에 대해 책을 읽어가면서 키우는 법인데 사람을 키우면서 책 한 권 안 읽고 키웠다 생각하니 딸에게 너무 미안해서 사과했다고 합니다. 자신이 책을 많이 읽었더라면 딸이 외롭지 않도록 마음을 살펴줄 수 있었을 테고 딸과 더 많은 대화를 나눌 수 있지 않았을까 하고요. 이제부터라도 책을 읽어야겠다고 결심을 하고, 저에게 문의를 한 것입니다.

알고 보니 그분은 어려서도 책을 제대로 읽어본 기억이 없었습니다. 집에 책이 없었던 시절이기도 했지만 학교에서도 책을 접할 기회가 없었고, 책 읽기는 늘 남의 일이었습니다. 그러다 보니 공부와는 거리가 멀었고, 남들 앞에서 책을 읽을 때에도 글을 잘 읽지 못해 모기만 한 목소리가 될 정도로 주눅이 들었습니다. 본인 말로는 공부를 못한다는 열등감 때문에 딸에게 늘 공부, 공부를 외치며 괴롭혔던 것 같다고 합니다. 지금이라도 책을 읽어야겠다고 결심한 그분에게 『우동 한 그릇』, 『행복한 왕자』, 『우리나라 신화』 등 감동적이면서 친숙하고 재미있는 책들을 먼저 권했습니다. 그런 다음엔 『빨강머리 앤』, 『크리스마스 캐럴』, 『왕자와 거지』, 『톰 소여의 모험』 등을 권했지요.

책을 한 권 한 권 읽어본 후 그분이 제게 말씀하셨습니다. "이렇게 책이 달콤하고 재미난 줄을 이제야 알았네요. 이제야 비로소 진짜 부자가 된 것 같아요" 하고 말이지요. 1년 후 그분은 사이버 대학에 입학했고, 요즘 심리학 공부를 하고 있는데 정말 재미있고 행복하답니다.

부모가 책을 좋아하면 자녀도 책을 좋아하게 되고 독서습관을 들이는 데 도움이 될 것입니다. 그렇지만 그보다 더 중요한 것은 부모 자신이 책을 통해 자신을 돌아보고 성찰하며 자녀를 어떻게 이해하고 사랑해야 하는지를 알게 된다는 것입니다. 아이가 책을 좋아하고 잘 읽는 좋은 독자로 성장하는가의 여부는 어떤 가정에서 성장했는가와 관계가 깊습니다. 수많은 독서연구가들이 이구동성으로 말하고 있는 것이 바로 그것입니다. 자녀가 책을 좋아하게 하려면 부모가 먼저 책을 읽으라고 말이지요.

몸에 배는 인문독서 습관의 비결

❶ 부모 자신이 즐긴다

앞에서 열 살 이전의 환경이 아이에게 생존력의 바탕이 된다고 했지요. 독서 환경도 마찬가지입니다. 엄마가 열심히 책을 보고 있으면 "엄마는 책이 그렇게 재미있어?" 하면서 관심을 가질 테고, 함께 책을 읽다 보면 자연스럽게 아이도 책을 읽게 됩니다. 자녀에게 읽어줄 책만 고를 게 아니라 부모 스스로 책을 가까이 하면 자녀도 따라하게 되고, 성장할수록 책을 매개로 좋은 대화를 나눌 수 있습니다. 부모 자신이 책을 좋아하지 않거나 어떤 책을 읽어야 하는지 모른다면, 주변의 도서관이나 부모 모임에 나가 열혈독자들로부터 자극을 받고 적절한 진단과 해결책을 얻을 수 있습니다. 책을 좋아하지 않았다면, 자녀가 읽는 책들부터 천천히 읽으면서 자녀와 이야기를 나누면 좋을 것입니다.

❷ 우리 집 독서 환경을 진단한다

책 읽는 분위기를 만들려면 현재 우리 집의 독서 실태를 파악해보는 게 먼저입니다. 자녀가 책을 얼마나 좋아하는지, 학교에서 읽기 시간을 좋아하는지, 어떤 교과목을 좋아하는지, 어떤 종류나 분야의 책을 좋아하는지를 파악하는 것부터 해야겠지요. 또 하루에 얼마나 책 읽는 시간을 갖고 있는지, 어떤 책을 주로 읽고 있는지, 소리 내어 읽었을 때 정확하게 읽고 있는지, 내용 이해는 하고 있는지도 알아보아야 합니다. 또 왜 독서를 하는지, 독서를 하고 싶은데 방해하는 것은 무엇인지, 학교에서 이해가 잘 안 되는 과목은 무엇인지, 하루 중 언제 시간을 내어 책을 읽을 것인지, 책 내용을 잘 이해하지 못한다면 그 이유는 무엇인지 등을 알아보고 해결책을 찾아보아야 할 것입니다.

독서를 심하게 싫어해 독서습관이 안 잡혀 있는 아이는, 왜 책 읽기를 싫어할까요? 이럴 때는 가장 먼저 부모와 자녀 간의 관계를 돌아보고, 또 아이가 자기 학년에 맞는 수준의 책을 읽을 줄 아는지 알아보아야 합니다. 책을 싫어하는 이유가 책을 잘 읽지 못해서 그런 경우도 많기 때문입니다. 드물게 아이의 지능지수가 낮아 독서 능력에 영향을 주는 경우도 있습니다. 평소 집중력이나 성격적 특징도 독서 태도에 영향을 줍니다. 그밖에 부모와 주위 어른들, 또래 간에 활발하게 감정을 교류하고 있는지도 살펴보아야 합니다. 필요하다면 전문가에게 도움을 청하는 것도 좋습니다.

➌ 아이와 함께 독서 계획을 짠다

지금부터라도 자녀와 함께 언제 어떤 책을 읽을 것인지 의논을 해봅니다. 이때 독서 시간이 학원이나 학습지 푸는 시간처럼 어쩔 수 없이 억지로 시험 치르는 시간처럼 되어서는 안 되겠지요. 습관을 들이는 데 가장 중요한 것은 재미있다는 생각을 갖도록 하는 것이기 때문에 아이가 좋아하는 책을 읽어주어야 합니다. 오래 전에 읽었던 책이라도 아이가 읽어달라고 하면 기꺼이 재미있게 읽어주시기 바랍니다. 독서 계획을 거창하게 짤 게 아니라, 주말에 함께 도서관에 가서 읽고 싶은 책을 빌려오고, 서점에 들러 사고 싶은 책을 사주는 것입니다. 그리고 저녁에 잠시 30분이라도 시간을 내어 조용한 분위기에서 그 책을 함께 읽으면서 이런저런 이야기를 나누는 것이지요. 책을 사거나 빌릴 때에는 아이에게 선택권을 주는 게 좋습니다. 부모가 보기엔 못마땅하더라도 존중해주고 왜 그 책을 골랐는지 물어보고 나서 부모의 의견을 말하세요. 아이가 원하는 책을 한 권 고르게 하고, 부모도 아이에게 읽혀주고 싶은 책을 한 권 골라서 읽어주면 좋겠지요.

➍ 함께 읽으며 이야기를 나눈다

지극히 당연한 말이지만 습관이 되려면 좋아해야 합니다. 책이 즐겁다는 경험을 자꾸 하다 보면 계속 읽게 되어 습관으로 굳어지는 것이지요. 책이 재미있다는 게 뇌에 각인되면 책을 읽고자 하는 강한 동기가 형성되어 조금 지루한 책을 봐도 끈기 있게 보려고 하고, 심지어 재미있는 점을 스스로 찾아냅니다. 재미를 창조한다고 할 수 있지요. 동기란 어떤 노력을 하면서 성공하려는 욕구를 갖게 하는 힘을 말합니다. 동기가 있으면 어떤 목표를 향해서 매진하고 관심을 가지며 열정적으로 하게 됩니다. 심리학자들에 따르면 동기화된 아동은 긍정적인 자아상을 갖고 자신의 능력에 대한 믿음을 가지며 자신이 유능하다고 믿는다고 합니다. 그러므로 책 읽기에 동기가 높은 아이는 책을 좋아하기 때문에 새롭고 낯선 책을 만나면 피하지 않고 읽고 싶어 합니다. 책에 관심이 많고 새로운 정보를 알고자 하는 지적 호기심이 높기 때문에 자연히 배경지식이 확장되고, 더불어 학습에 대한 욕구도 높고 학습 능력도 높아진다고 볼 수 있지요.

아이가 책을 좋아하게 만드는 데 가장 효과적인 특효약은 읽어주기, 또는 함께 읽기입니다. 함께 읽으면서 이야기를 나누는 즐거움을 느끼게 해야지요. 책 내용을 이해시키려고 하거나 가르치려고 할 게 아니라 그냥 이야기를 나누는 것으로 충분합니다.

인문독서 습관을 위한
환경 만들기

이미 여러 연구에서 나왔듯이 자녀의 독서 습관은 가정의 독서 문화 분위기에서 형성됩니다. 이를 위해 매일 할 수 있는 것과 주 단위로 할 수 있는 것을 나누어 독서 계획을 짜보면 좋습니다. 이때 독서가 놀이처럼 즐거워야 하고, 일상 안에서 자연스럽게 이뤄지도록 하는 게 바람직합니다.

- 집 안에 조용히 책 읽을 공간을 마련한다.
- 자녀들과 함께 도서관에서 정기적으로 책을 빌려본다.
- 아이가 원하는 책을 먼저 읽어준다.
- 아이와 함께 서점에 가서 책을 고른다. 아이가 책을 사는 기쁨을 누리게 한다.
- 책에 나온 그림을 보고 이야기하도록 도와준다.
- 이야기를 녹음하여 차 안에서나 바쁠 때 들려준다.
- 아이 앞에서 가계부를 쓰거나 쇼핑 목록을 적으며 그것에 관해 이야기한다.
- 수시로 그리고 쓸 수 있도록 공책과 필기도구를 가까이에 둔다.
- 책에서 긴 단어나 재미있는 단어를 지적하고 그것에 관해 설명해준다.

- 가정 게시판을 만들어 가족들의 메시지를 읽게 하거나 표현하게 한다.
- 텔레비전을 함께 보며 그 내용이나 문제점에 관해 이야기를 나눈다.
- 책 제목과 표지만 보고 책에 나올 내용을 상상해보도록 촉진한다.
- 책 이외에도 신문이나 잡지 등을 함께 보면서 아이가 관심 있어 하는 것에 대해 이야기 나눈다.
- 책에 나온 그림에 관해 이야기하게 한 후 그 내용을 옆에 적어준다.
- 아이가 그린 그림이나 글을 거실에 게시하여 긍정적인 반응을 얻도록 한다.
- 바깥놀이나 전시회를 가기 전에 그것에 관한 책을 찾아서 읽어준다.
- 유치원이나 학교에서 읽었거나 들은 이야기를 집에서 이야기하도록 배려한다.
- 관련된 연극이나 뮤지컬, 영화, 비디오를 함께 보면서 다른 점을 비교해본다.
- 소리 내어 책을 읽게 하고 격려한다.
- 읽어줄 책을 부모가 먼저 읽어보고 어떤 질문이나 활동을 할지 생각한다.
- 매일 꾸준히 책을 읽어준다.
- 책을 읽을 때 저자에 관해서도 알려준다.
- 아이가 좋아하는 책이면 3회 이상 반복적으로 읽어준다.
- 아이가 유창하게 소리 내어 읽는 것을 격려한다.
- 책을 읽고 질문한 다음 느긋하게 아이가 생각할 기회를 준다.
- 신문 일기예보를 소리 내어 읽게 하거나 신문 한 자락을 읽어준다.
- 시 한 편을 읽어준다.
- 수수께끼를 풀게 한다.
- 요리 레시피를 읽게 한다.
- 아이에게 부모 자신이 책이나 신문 등을 읽고 있는 모습을 자주 보인다.

◉◉◉

재미의 끈을 놓치지 않으면서 읽기에 자신감을 키워줄 수 있는 책을 골라서 함께 읽는 것이 가장 중요합니다. 혼자 읽으라고만 할 게 아니라 책의 처음 부분을 읽어주면서 흥미를 갖게 하거나 두꺼운 책은 매일 조금씩 나눠 읽어주는 것이 좋습니다. 물론 혼자서 읽을 때에는 "혼자서도 잘 읽는구나!" 하고 아낌없이 칭찬해주고 격려해주어야겠지요.

Chapter 5

학년별, 수준별
독서 코칭 요령

"저자의 지혜가 끝나는 곳에서
우리의 깨달음이 시작된다."
— 장 그르니에

01

초등 1, 2학년,
읽기와 말하기를 다져라

글 읽기 시작한 아이를 책에서 도망가게 만드는 부모

"옆집 아이는 1학년인데도 위인전을 척척 읽어낸다는 말을 듣고 당장 위인전집을 구입했어요. 매일 한 권씩 읽으라고 했지요. 그런데 전혀 읽지를 않아요. 앉혀놓고 읽어주어도 싫어해요. 대체 왜 그러는지 알 수가 없어요. 어떻게 해야 책을 좋아해서 스스로 잘 읽을 수 있을까요?"

자녀에게 책을 많이 읽혀야겠다는 열정이 지나쳐서 오히려 자녀가 책을 싫어하고 멀리하게 되어버린 사례입니다. 흔히 위인전이라고 말하는 인물 이야기는 초등학교 1학년이 혼자서 읽기에는 어렵습니다. 물론 초등 저학년이 읽을 수 있도록 쉽게 편집된 책도 있지만, 한 인물이 살았던 역사적 상황을 이해하면서 읽어야 하기 때문에 초등 저학년이 읽기에는 힘든 책이라고 할 수 있습니다. 더구나 인물 이야기는 부모가 열심히 설명해주어도 이해하기 어려운데, 혼자 읽으라고 강요하면 괴로울 수밖에요.

이렇게 되면 점점 더 책 읽기가 싫어지고 급기야 책을 읽어준다고 해도 도망가는 일이 생깁니다. 초등 저학년 때에는 인물 이야기나 역사 책부터 읽으라고 할 게 아니라 소풍 가듯이 역사 현장에 자주 다니고 재미나게 박물관에 들러 구경하면서 자연스럽게 역사에 대해 흥미와 재미를 갖도록 하는 것이 먼저입니다.

대부분의 부모들은 자녀가 글자를 읽을 수 있으면 스스로 읽기 연습을 하여 능숙하게 읽을 수 있게 되고 이해력도 커질 것으로 기대합니다. 하지만 글을 읽고 이해하는 능력은 무조건 글 읽는 연습을 한다고 해서 저절로 키워지지는 않습니다. 어떻게 잘 읽고 이해하는 능력을 키워줄 수 있을까요?

소리 내어 읽히고 어휘력을 체크하라

이 시기는 본격적으로 읽기를 시작하는 때입니다. 한 마디로 말하자면 적절한 속도로 유창하게 잘 읽도록 코칭해야 하는 때이지요. 즉, 자녀가 글을 소리 내어 잘 읽는지 주의 깊게 봐야 합니다. 그러려면 매일 접하는 교과서부터 정확한 발음으로 속도감 있게 읽을 수 있도록 도와주어야 하는데, 만약 느리게 읽거나 더듬거리면 '따라 읽기'를 하는 게 좋습니다. '따라 읽기'는 부모가 한 단락을 읽어주고 나서 아이가 그대로 따라 읽어보도록 하는 것을 말합니다. 아이가 글을 읽다가 틀리게 읽으면 바로 지적하지 말고 한 단락을 다 읽은 후에 "자, 잘 들어보렴" 하고 다시 읽어주는 게 좋습니다. 틀리자마자 지적하면 자칫 읽기에 주눅이 들어 자신감을 잃을 수도 있기 때문입니다. 부모가 책을 읽어줄 때는 아이가 책에서 눈을 떼지 않도록 해야 합니다. 그래야 귀로 듣는 어휘를 눈에 익히게 되고 정확하게 읽을 수 있게 됩니다.

만약 아이가 글을 읽다가 어떤 낱말에서 더듬거린다면 그 낱말의 뜻을 잘 모르고 있는 것일 수 있습니다. 더듬거리는 횟수가 많다는 것은 모르는 어휘가 그만큼 많다는 뜻이고 글을 잘 이해하지 못한다는 뜻도 됩니다. 그런 책은 아이가 읽고 이해하기에 너무 수준이 높은 책일 수도 있지요. 따라서 1학년 아이라도 1학년 수준의 책을 읽기 힘들어한다면 유치 단계의 책을 소리 내어 읽도록 지도하면 됩니다. 보통 부모가 들려주는 책은 아동의 수준보다 약간 높아도 괜찮지만 아이가 혼자서 읽을 책은 자기 학년보다 낮은 수준의 책을 읽는 것이 유창하게 읽는 훈련을 하는 데에 도움이 됩니다.

읽은 내용 간추리는 연습이 필요한 시기

이 시기에 부모가 해야 할 독서코칭 중에 중요한 한 가지는 자녀가 책을 읽은 후에 읽은 내용을 간단히 간추려서 말할 수 있도록 하는 것입니다. 많은 아이들이 책을 읽고 나서 요약해서 말하는 걸 힘들어합니다. 그 까닭은 무엇일까요? 가장 큰 이유는 내용을 충분히 이해하지 못했기 때문입니다. 그러므로 간추려보기는 최소한 2회 이상 읽어준 다음에 하는 것이 좋습니다. 여러 번 읽었는데도 아이가 내용을 요약하는 걸 어려워한다면 무엇이 중요한 내용인지를 몰라서 그러는 것입니다. 그럴 때에는 부모가 핵심적인 질문을 던져서 간추리는 방법을 알려주는 게 좋습니다.

예를 들어 『강아지 똥』을 읽고 간추려 말하기를 한다고 생각해볼까요? "이 이야기에서 가장 중요한 인물은 누구지?", "강아지 똥에게 무슨 일이 생겼더라?", "그래서 강아지 똥이 고민하던 문제는 무엇이었어?", "그래서 강아지 똥은 그것을 해결하기 위해 무엇을 했지?", "그 결과 어떤 일이 생겼어?" 아이에게 이런 질문을 던져서 중요한 내용을 떠올리게 합니다. 이렇게 부모가 하는 질문에 대답을 하는 과정에서 중요한 내용이 무엇인지도 알게 되고 간추리는 방법도 배우게 되지요.

사실 책을 읽고 내용을 간추려서 조리 있게 말한다는 것은 쉽지 않은 일입니다. 책마다 내용과 수준이 다르고 구성도 다르기 때문이지요. 따라서 부모가 책을 읽어준 다음 무엇이 중요한지에 대해 이야기를 나누고 차근차근 말해보는 기회를 주는 게 좋습니다. 이밖에 책을 읽으면서 스스로 질문을 만들어보게 하거나, 유치원 다니는 동생에게 그림책 읽어주기, 책을 읽고 가족들 앞에서 구연하기, 체험을 한 다음에 그 과정을 책으로 엮어보기 등도 해볼 수 있습니다.

한편 독서록을 쓸 때에도 먼저 책 내용에 대해 충분히 이야기를 나눈 다음에 글을 쓰게 합니다. 이 시기에 글쓰기에 대해 느끼는 감정은 평생 기억에 남는다고 하지요. 즐거운 마음으로 글을 쓰도록 분위기를 조성하고 칭찬과 격려를 통해 자신감을 갖도록 도와주어야 합니다. 책에서 가장 인상 깊었던 장면이나 마음에 드는 사람, 또는 마음에 안 드는 사람을 소개하고 그 이유를 말한 다음 글로 적게 하면 될 것입니다. '등장인물에게 칭찬하기', '꾸중하기', '이야기 바꿔보기' 등을 제목으로 글을 쓰는 것도 좋겠지요.

받아쓰기를 잘하는 비법

아직도 많은 초등학교에서는 '받아쓰기'를 통해 듣기와 쓰기 훈련을 합니다. 부모들은 자녀가 받아오는 받아쓰기 점수에 매우 민감하지요. 하지만 원래 받아쓰기를 하는 목적은 아이가 '읽기'에서 어떤 부분에 문제점이 있는지 찾아내어 도움을 주려는 데 있습니다. 문장을 완벽하게 이해하고 있는지, 조사와 띄어쓰기는 이해하고 있는지, 낱말의 뜻과 철자법은 알고 있는지 등을 알아보려는 것이지요.

받아쓰기를 잘하는 비법은 무엇일까요? 틀린 문장을 열 번씩 반복해서 써보는 것보다 더 효과적인 방법은 부모가 소리 내어 여러 번 읽어주는 것입니다. 굳이 쓰기 연습을 하지 않아도 반복해서 읽다 보면 철자와 띄어쓰기를 이해하게 됩니다. 까다로운 어휘는 부모가 재미나게 설명을 해주면 될 것입니다.

02

초등 3, 4학년,
책을 제대로 읽고 있는가

독서 과도기, 아이의 독서 수준을 점검하라

초등 4학년 종훈이는 소아정신과에서 읽기 장애 진단을 받고 독서 상담을 받으러 왔습니다. 4학년 교과서를 읽혀보니 심하게 더듬거리며 읽는가 하면 읽다가 조사를 빼먹거나 아예 한 줄을 건너뛰어 읽기도 했습니다. 게다가 글을 읽는 데만 온 신경을 쓰다 보니 정작 읽은 뒤엔 무엇을 읽었는지 내용을 거의 기억하지 못했습니다. 종훈이에게 2학년 교과서에 나온 글을 읽도록 해보았는데 역시 매우 긴장하여 땀까지 흘리며 고개를 계속 앞뒤로 흔들며 읽었습니다.

종훈이 어머니는 "집에서 책을 읽혀보지 않아서 이렇게까지 글을 못 읽는지 몰랐어요. 문제가 있으니 검사를 받아보라는 담임선생님의 말을 듣고서야 알았어요"라고 말했습니다. 대학병원에서 진단한 종훈이의 지능검사 결과는 평균보다 조금 높은 지수가 나왔고, 조금 산만하기는 하나 친구들과 관계도 좋은 편이라고 했습니다.

이번에는 종훈이에게 직접 책을 소리 내어 읽어주기로 했습니다.

"종훈아, 들려줄 테니까 기억하도록 애쓰면서 잘 들어보렴."

이렇게 얘기한 다음 정확한 발음으로 글을 읽어주었습니다. 그런데 다 읽어준 후 책 내용에 대해 질문을 해보니 약 60퍼센트 정도 내용을 이해하는 것이었어요. 3학년 수준의 책이었는데 말입니다. 다행히 종훈이는 귀로 듣고 이해하는 능력이 있어서 그동안 학교 수업을 그럭저럭 이해해왔던 것입니다. 이후 종훈이는 매일 30분 이상 아주 쉽고 단순한 그림책을 읽어주고 따라 읽게 하는 낭독 훈련을 받았습니다.

종훈이의 사례에서 알 수 있듯이 초등 3, 4학년 때에는 책을 제대로 읽고 이해하고 있는 것인지 점검해보아야 합니다. 안 읽는 건지 못 읽는 건지 관찰해보아야 한다는 뜻이지요. 이 시기가 되면 부모님이나 학교 선생님으로부터 제법 두껍고 글이 많은 책을 읽으라는 요구를 받는데, 이런 과정에서 자칫 읽기에 자신감을 잃을 수도 있습니다. 언젠가는 혼자 알아서 읽겠지 하고 내버려두면 쉬운 책이나 만화책 위주의 독서 습관이 굳어버릴 수도 있고요. 또 학습지나 교과서에 나오는 길지 않은 지문의 글은 그럭저럭 읽어내지만 구성이 다소 복잡한 장편동화, 또는 정보가 많은 글은 아예 포기해버리기 쉽지요. 그런가 하면 책에 대한 자기 나름대로 취향이 생겨서 자기가 좋아하는 책만 읽으려고 합니다.

그래서 이 시기를 독서전문가들은 독서의 과도기 또는 전환기라고 말하기도 합니다. 이 시기를 거치면서 책을 주도적으로 잘 읽는 독자로 성장할 수도 있고, 책과 담을 쌓는 사람이 되어버릴 수도 있다는 뜻이지요.

재미도 있고 읽기에 자신감을 키워주는 책

따라서 이 시기에는 재미의 끈을 놓치지 않으면서 읽기에 자신감을 키워줄 수 있는 책을 골라서 함께 읽는 것이 가장 중요합니다. 혼자 읽으라고만 할 게 아니라 책의 처음 부분을 읽어주면서 흥미를 갖게 하거나 두꺼운 책은 매일 조금씩 나눠 읽어주는 것이 좋습니다. 물론 혼자서 읽을 때에는 "혼자서도 잘 읽는구나!" 하고 아낌없이 칭찬해주고 격려해주어야겠지요.

한번 책에 빠져들면 끝까지 읽게 만드는 추리물이나 모험 이야기, 실제 아이들의 생활 모습을 담은 창작동화, 재미있는 판타지 동화 등이 좋은데, 『가방 들어주는 아이』, 『화요일의 두꺼비』, 『마법의 설탕 두 조각』, 『장다리 1학년 땅꼬마 2학년』, 『밤티마을 큰 돌이네 집』, 『나쁜 어린이 표』, 『초콜릿 전쟁』, 『산왕 부루』, 『머피와 두칠이』,『돌아온 진돗개 백구』,『프린들 주세요』,『내 이름은 삐삐 롱스타킹』,『바리왕자』,『찰리와 초콜릿 공장』 등은 제법 두꺼운 책 이지만 끝까지 읽게 만드는 재미가 있는 책들입니다.

누구나 좋아하는 분야의 책이 있듯이 이 시기의 아이들도 독서에 취향이 생겨 한 가지 분야에 심취하는 경향이 나타납니다. 창작동화만 보려고 하거나 과학책 혹은 역사책만 보려고 하는 경우, 또는 귀신 이야기나 황당하고 코믹한 이야기만 보려는 경우, 판타지만 보려고 하는 경우 등 다양하지요. 이럴 때는 자기 취향대로 읽도록 허용하는 게 좋습니다. 좋아하는 분야의 책을 읽으면서 책에 대한 흥미도 유지하고 그 분야에 전문적인 식견이 생길 수도 있으니까요. 다만 읽었으면 하는 책은 부모님이 함께 읽어주어서 균형 잡힌 독서가 되도록 도와줄 필요가 있습니다. 아이들이 특정 분야의 책을 안 읽는 것은 그 분야의 책이 낯설고 배경 지식이 없거나 흥미가 없기 때문이므로 쉽고 재미있게 설명하고 있는 책을 골라서 읽어주다 보면 그 책과 친해지게 됩니다.

예를 들어 동화와 같은 문학책만 읽고 역사, 과학, 사회 분야의 책을 싫어한다면 그림이나 사진이 많고 친절하게 설명되어 있는 책, 또 지식을 이야기 형식으로 구성한 과학동화, 역사동화를 읽어주는 게 좋겠지요. 반대로 역사책이나 과학책만 읽고 이야기책을 멀리한다면 실제 사실을 다룬 자서전, 인물 이야기 등을 먼저 읽으면서 문학과 친해지도록 하면 됩니다.

이야기의 흐름과 의미를 생각하면서 읽게 한다

한편, 이 시기에는 책을 읽을 때 생각을 하면서 읽어야 할 때입니다. 3학년부터 책 내용과 구성이 복잡해지기 때문에 이야기의 맥락과 흐름을 잘 연결하지 못하면 줄거리를 이해하기 힘들 수 있습니다. 즉, 앞뒤 문단과의 관계를 파악해가면서 읽지 않으면 읽고 나서도 무슨 내용인지 정리가 되지 않는 것입니다. 이럴 때에는 부모가 함께 읽어가면서 중요하다고 여기는 부분에 밑줄을 긋게 하여 왜 중요한지 말해보도록 하고, "지금까지의 내용으로 보아 다음에 어떤 내용이 나올까?"라고 질문을 하여 아이의 생각을 들은 다음, "왜 그렇게 생각했니?"라고 물어보아 글을 이해하기 위해 실마리를 활용할 수 있도록 도와줍니다.

또 책을 읽을 때 글에 담긴 중요한 의미를 생각하면서 읽도록 도와주어야 합니다. 예를 들어 우리나라 창조신화인『소별왕대별왕』에 보면 금벌레 은벌레가 인간이 되었다는 내용이 나오는데요, 이 부분을 읽을 때 "금벌레 은벌레가 인간이 되었다는 것은 어떤 뜻이 담겨 있을까?"라고 질문을 하여 그 의미를 추론해보도록 합니다. 이 경우 금과 은은 귀한 보석이므로 인간은 그만큼 귀하다는 뜻으로 이해할 수 있겠지요. 또 글을 읽다가 모르는 낱말이 나왔을 때는 바로 사전을 찾을 게 아니라, 먼저 앞뒤 문장을 다시 읽으면서 낱말의 뜻을 알려주는 단서를 찾아 예측하게 합니다.

초등 3, 4학년 시기에 도움을 줄 수 있는 독서코칭을 정리해보면, 책을 좋아하건 싫어하건 부모님이 계속 꾸준히 책을 읽어주어 책을 통해 사랑받는다는 생각을 하게 하는 것이 중요합니다. 책 읽기를 싫어한다면 그 원인이 무엇인지를 찾아보고, 혹시 독서력이 부족하여 읽기를 싫어하는 건 아닌지 잘 관찰해보아야 합니다. 가끔 소리 내어 읽어보게 하여 이해력을 점검하는 것도 필요합니다. 먼저 재미있게 읽은 후 의미도 놓치지 않도록 하는 것, 그것이 이 시기의 핵심 독서코칭이라고 할 수 있습니다.

03

초등 5, 6학년,
독서의 시야를 넓혀라

모든 학습의 기초, 독서

올해 초등학교 5학년인 용진이와 여동생 용아는 3년간 외국에서 살다가 왔습니다. 두 아이의 부모는 아이들이 한국의 학교 교육에 잘 적응할 수 있을지 걱정이 많았지요. 몇 달이 흐른 지금 작은애 용아에게 약간의 문제가 생겼습니다. 용아는 교과서를 비롯한 여러 책들을 잘 읽어내지 못합니다. 책을 읽을 때 많이 더듬거리고 어휘력도 많이 떨어집니다. 반면 용진이는 외국에서 살다 온 아이가 맞나 싶을 정도로 책을 잘 읽고 내용도 잘 이해합니다. 오히려 또래에 비해 독해 수준이 높았습니다.

두 아이에게 왜 이런 차이가 생겼을까요? 부모님은 그 원인이

'독서'에 있다고 말합니다. 큰애 용진이는 외국에 가서도 꾸준히 책을 읽었습니다. 학교에서는 영어로 수업을 했지만 집에서는 계속 한국어로 된 책을 읽은 것입니다. 그 결과 용진이는 영어뿐 아니라 우리말 실력도 매우 뛰어나게 되었습니다. 하지만 작은애 용아는 어릴 때에 부모가 책을 많이 읽어주지 않은 데다 외국에서 수업을 받을 때에도 책을 즐겨 읽지 않았습니다. 결국 용아는 영어와 우리말 모두 능숙하지 않은 상태가 된 것입니다.

남매의 경험에서 알 수 있듯이 영어를 잘하려면 우리말 이해력이 높아야 합니다. 책을 많이 읽어 배경지식이 풍부하고 책 속의 깊은 의미를 잘 파악할 줄 아는 아이는 영어책도 잘 읽을 수 있습니다. 그런데도 적잖은 부모들이 학년이 올라갈수록 책 읽기보다 영어 공부에 더 많은 시간을 보내게 합니다. 책 읽기가 영어뿐 아니라 모든 학습의 기본이 된다는 것을 잊지 말아야 합니다.

교과 연계 비문학을 읽어야 하는 시기

초등 5학년과 6학년 시기는 독자로서 철이 들기 시작한 때라고 볼 수 있습니다. 그 전에는 책을 재미삼아 읽고 흥미 위주로만 읽었다면 이때부터는 책의 가치와 중요성을 깨닫고 의도적으로 읽으려는 노력이 필요하다는 뜻입니다. 자신이 좋아하는 책을 충분히 읽으면서 책 읽는 즐거움을 놓치지 않되, 좋아하지 않는 분야라도 배경지식이나 교양을 넓히기 위해서 읽으려고 해야 한다는 말이지요. 또 자신의 독서 태도를 돌아보고 균형 있게 책을 읽게 노력하도록 코칭하는 시기라고 할 수 있습니다. 그러므로 창작물을 비롯하여 역사, 사회, 과학, 예술 분야 등 여러 분야의 책을 접하도록 도와주어야 합니다.

대부분의 아이들은 문학 작품을 더 좋아하기 마련이어서 설명문으로 된 비문학 책들을 즐겨 읽지 않는 경향이 있습니다. 하지만 이런 비문학 책들은 당장 교과 학습과 관련이 많아서 든든한 배경지식이 되고 공부에 대한 자신감을 키울 수 있는 바탕이 됩니다. 그러므로 아이들이 이해할 수 있는 수준의 비문학 책들을 골라 천천히 읽어가면서 맛을 들이는 기회를 주어야 합니다. 비문학 책들을 고를 때에는 교과서와 연계된 책들이 좋습니다. 교과서에서 미처 다루지 못한 다양한 정보들이 들어 있고 생각을 확산할 수 있는 책을 고르면 됩니다.

비문학 책을 접하는 단계라면, 처음부터 끝까지 다 읽으려고 애쓰지 않아도 됩니다. 차례에서 가장 흥미를 끄는 소제목을 골라 그 부분을 읽는 것부터 시작하면 됩니다. 처음엔 편하게 읽다가 두 번째 읽을 때에는 새롭게 알게 된 내용을 공책에 차근차근 정리해가면서 읽는 것도 정보를 잘 기억하는 방법입니다. 정리하고 메모하는 것을 부담스러워하면 같은 내용을 다룬 다른 출판사의 책을 여러 권 읽어서 자연스럽게 반복 읽기가 되게 하는 것도 코칭의 한 방법입니다.

스터디 스킬과 독해력을 잡아라

읽은 내용을 잘 기억하기 위해 정리하는 것은 책 읽기에서 매우 중요한 과정입니다. 책을 텔레비전 보듯이 눈으로만 대충 보지 말고 꼼꼼히 읽으면서 정리하는 연습을 하면 좋은데, 이를 '스터디 스킬Study Skill'이라고 부릅니다. 초등 5, 6학년 때에는 학교에서 배우는 지식의 양도 많아지고 개념을 확실히 알아두어야 할 어려운 전문용어가 자주 등장합니다. 그런데 책을 읽으면서 내용을 잘 정리하려면 책 읽는 방법을 배워두면 좋습니다. 즉, 책에서 다루고 있는 주요 화제가 무엇인지, 저자가 어떤 순서로 지식을 소개하고 있는지 등을 파악하면 전체 내용을 한눈에 볼 수 있고 정리를 잘 할 수 있습니다. 이런 읽기 방법은 자녀 혼자서 배우기는 쉽지 않습니다. 익숙해질 때까지 부모가 도와주어야 합니다.

초등 5, 6학년이 되었는데도 책을 제대로 읽어내는 데에 문제가 있다면 독해력을 향상시키려는 적극적인 노력을 해야 합니다. 가장 중요한 것은 독해력이 떨어지는 이유를 찾는 것입니다. 책을 읽어낼 만한 수준이 안 되어서인지, 한쪽으로 편중된 독서를 해서인지, 대충 읽어치우는 습관 때문에 어휘를 제대로 이해하지 못해서인지 등 문제의 정확한 원인을 찾아야 합니다.

흔히 독해력이 떨어지는 것은 어휘력 부족 때문인 경우가 많습니다. 이럴 때는 교과서에 나온 낱말부터 정확히 그 개념을 이해하려고 노력해야 합니다. 낱말장을 만들어 사전에 나온 뜻을 적고 그 낱말을 활용하여 짧은 글을 지어보는 연습을 하는 것도 어휘력을 기르는 하나의 방법입니다.

다양한 관점에서 생각하고 따져보기

이 시기에는 여러 관점에서 책 내용을 따져보며 읽도록 도와주는 게 좋습니다. 『베니스의 상인』의 경우 예전에는 등장인물에 대해 좋은 사람, 나쁜 사람과 같은 논리로 이해했다면, 이제는 더 깊이 이해하려는 노력이 필요합니다. 셰익스피어가 왜 그 당시 유대인 샤일록을 파렴치한 사람으로 등장시켰는지, 샤일록을 궁지에 몰아 그리스도교로 개종하도록 만든 안토니오의 행동에는 문제가 없는지 등을 따져보는 게 좋습니다. 이런 궁금증을 갖고 부모와 이야기를 나누다 보면 "유대인은 어떤 역사를 가진 민족이지?", "왜 유럽에서 따돌림을 당했을까?" 하는 의문을 갖게 될 것이고, 세계사에 대한 책을 펼쳐보게 될 것입니다. 문학 작품을 읽으면서 자연스럽게 역사와 과학, 사회책도 함께 읽게 되는 것이지요.

이 무렵부터는 제법 두껍고 진지한 세계 명작들에도 도전해볼 수 있습니다. 『왕자와 거지』, 『톰소여의 모험』, 『올리버 트위스트』, 『크리스마스 캐럴』, 『비밀의 화원』, 『15소년 표류기』 등 호흡이 긴 책들을 읽으면서 독서범위를 한층 넓히는 게 좋습니다.

◉ ◉ ◉

책을 읽고 주제를 찾는 것은 책의 깊은 맛을 음미하기 위한 과정
입니다. 별생각 없이 건성으로 후딱 읽어치우는 것은 책의 주제가
던지는 갖가지 의미를 놓치는 일입니다. 초등 저학년 무렵까지는
재미나게 읽는 것으로 족하지만, 점차 요모조모 살펴가며 읽어서
주제를 찾는 재미도 느끼도록 도와주어야 합니다.

Chapter 6

효과적인 인문독서를 위한
독후 활동

"어떤 책은 천천히 맛보고, 어떤 책은 삼켜버려야 하며,
어떤 책은 잘 씹어서 소화시켜야 한다."
— 프랜시스 베이컨

01

꼼꼼히 읽고
깊이 생각하라

슬로 리딩

EBS 다큐프라임에서 〈슬로 리딩slow reading〉이라는 프로그램을 방영한 적이 있습니다. '슬로 리딩'은 일본의 고등학교 교사 하시모 토 다케시라는 분이 책 한 권으로 3년간 국어수업을 했다는 데서 유래했는데요, 그분의 제자들이 현재 일본 사회의 유력 인사가 되 어 자신들이 성공한 것은 슬로 리딩 덕분이라고 말하면서 더 유명 해졌지요. 슬로 리딩은 말 그대로 천천히 느리게 읽는다는 뜻입니 다. 책을 빨리 읽어서 필요한 정보만 얻으려고 하는 세태에 맞서 한 권의 책을 꼼꼼히 읽고 깊이 생각하면서 읽자는 뜻입니다.

슬로 리딩이라고 하니까 마치 빨리 읽기는 무조건 안 좋은 것으로 생각하기 쉽지만 그렇지는 않습니다. 책을 읽는 방법은 아주 많으니까요. 우리는 빨리 읽거나 대충 훑어 읽기도 할 수 있고 책을 끝까지 읽지 않을 수도 있습니다. 어디까지나 독자의 목적에 따라서 알아서 읽는 거지요. 다만, 유명한 작가나 필자들의 독서 일기를 보면 끝까지 읽지 않아도 된다, 메모할 필요도 없다고 하여 독자들을 헷갈리게 하는데요. 그건 어디까지나 독서의 고수가 된 그분들의 방법입니다. 축구선수가 축구를 배울 때 자기가 잘하는 포지션만 연습하지 않고 다양한 포지션을 다 돌며 연습하듯이 독서도 마찬가지입니다. 특히 독자로서 책을 제대로 읽을 줄 아는 기본기를 먼저 갖추는 게 가장 중요합니다. 빨리 읽기든 대충 읽기든 제대로 읽을 줄 아는 능력이 바탕이 된 후에 하는 것이지요.

방송제작팀은 우리나라 용인의 초등학교 5학년 아이들에게 일명 슬로 리딩 프로그램을 실시해보았습니다. 소설 한 권을 정해 몇 달에 걸쳐 읽는 것입니다. 아이들은 한 달 동안 책을 읽으면서 잘 모르는 단어를 꼼꼼히 찾아 그 뜻을 이해하고 전체 내용을 이해하려고 애씁니다. 내용을 이해하려면 소설의 배경이 되는 시대의 역사와 문화에 대해서도 알아보아야 합니다. 주인공의 심정과 등장인물들 간의 갈등과 그 원인도 생각해보아야 하겠지요. 작가가 독자에게 하고 싶은 말이 무엇인지, 주제도 찾습니다. 책 내용을 이해한 후에는 토론하고 싶은 점, 논제를 책에서 찾습니다. 책 속 인물 행동을 여러 관점에서 판단하고 근거를 생각해보아야 토론이 가능해집니다. 이렇게 몇 달에 걸쳐 천천히 읽기를 하는 것입니다.

천천히 한다는 말보다는 자세히 읽는다는 표현이 더 맞겠습니다.

이렇게 보면 슬로 리딩은 결코 새로운 읽기 방법이 아니라는 것을 알 수 있습니다. 그야말로 독서의 기본 과정입니다. 책을 제대로 잘 이해하고 깊이 생각하면서 읽는 것이지요. 그런데도 슬로 리딩이라고 하여 방송 프로그램으로까지 제작된 데에는 현재 우리나라의 교육 현장에서 이런 독서교육이 이루어지지 않고 있기 때문이겠지요. 누구나 운전면허를 따기 위해 거쳐야 하는 기본 훈련 과정이 있듯이 유능한 독자가 되려면 거쳐야 할 기본 과정이 곧 슬로 리딩입니다.

독서의 기본기 다지기 1: 책을 읽기 전에

부모나 교사가 아이에게 책을 권하고 읽어주고 대화를 나누는 것은 아이가 책을 좋아하고 잘 읽는 '유능한 독자'가 되기를 바라기 때문입니다. 유능한 독자가 되기 위해 일단 배워야 할 기본적인 독서 방법을 소개합니다.

❶ 이 책은 어떤 책일까?(장르 인식하기)

책이 손에 들어오면 맨 처음 눈길이 가는 곳은 어디일까요? 앞표지와 제목, 뒤표지입니다. 표지 그림과 소제목, 여러 광고 문구들을 훑어보고 나면 작가나 번역자에 대해 소개한 앞날개를 읽어보게 됩니다. 이제는 책을 듬성듬성 넘기면서 어떤 그림과 사진들이 나왔는지 봅니다. 그러고 나서 '아, 이 책은 어떤 책이구나!'라고 판단을 합니다. 아이들과 책을 읽을 때에도 의도적으로 이러한 과정을 보여줄 필요가 있습니다. 읽으려고 하는 책의 종류가 창작동화인지 인물 이야기인지 역사책인지 등을 먼저 파악하는 태도를 직접 가르쳐주는 것입니다.

❷ 무엇에 관해 쓴 책일까?(글의 화제 찾기)

많은 아이들은 머리말과 차례를 읽지 않습니다. 무엇에 대해 말하고 있는 책인지 알아보지도 않고 무작정 본문으로 눈이 가지요. 이렇게 책의 의도를 모르는 상태에서 읽기 시작하기 때문에 책을 읽으면서도 무슨 내용인지 이해하지 못하는 경우가 허다합니다. 무엇에 관한 책인지는 제목을 보면 알 수 있지만 머리말과 차례를 읽으면 더욱 잘 알 수 있습니다.

❸ 이 책을 왜 읽으려고 하지?(읽는 목적 인식하기)

이 책을 선택한 까닭을 스스로에게 물어봅니다. 어떤 사람은 독후감을 쓰기 위해 읽을 것이고, 어떤 사람은 필요한 정보를 찾으려고 읽을 것입니다. 자신이 왜 읽는지를 알고 있어야 읽는 목적이 분명해지고 집중해서 읽게 됩니다. 단지 읽어야 하니까 읽는다는 식으로 책을 읽는 것은 왜 길을 가는지도 모른 채 무작정 걷는 것과 같습니다.

❹ 이런 책을 읽는 방법은 무엇이지?(장르에 따른 독서 전략 알기)

읽으려고 하는 책이 어떤 종류의 책인가에 따라 읽는 방법이 다릅니다. 읽을 책이 판타지 동화라면 판타지 동화란 무엇인지 이야기를 나눕니다. 판타지는 실제 세계가 아닌 가상의 세계에서 일어날 수 있는 일을 작가가 상상하여 지은 것이라는 것을 알려주고, 사람들이 왜 판타지 동화를 좋아하는지 함께 생각해봅니다. 판타지 동화는 배경이 비현실적이고 등장인물들이 초인적인 힘이나 마법을 쓰는 등 일반적인 동화와 다르지만, 이야기 속에 담긴 주제는 비슷하다는 것도 일러줍니다. 책을 읽으면서 어떤 부분이 판타지 동화의 특성을 보여주는지 찾아보도록 하면 좋습니다.

❺ 나는 무엇을 알고 있을까?(배경지식 끌어내기)

책 제목이나 화제에 대해 이미 알고 있는 지식을 배경지식이라고 합니다. 이미 알고 있는 지식이 무엇인지를 끌어내는 것은 독서에서 아주 중요한 전략이지요. 독서는 이미 알고 있는 것과 새로운 정보를 연결지어 이해하는 과정이기 때문입니다.

배경지식은 글을 잘 이해하기 위한 첫 관문이며 책을 읽고 싶게 만드는 동기를 일으킵니다. 배경지식을 끌어내는 것은 자신이 무엇을 알고 싶은지를 생각하게 만들어 책을 읽는 목적을 갖게 합니다. 또한 알고 싶은 것이 분명하므로 집중해서 읽을 수 있고, 새로운 정보를 효과적으로 찾을 수 있게 됩니다.

❻ 나는 무엇이 알고 싶을까?(스스로 질문하기)

책에서 자신이 알고 싶은 것은 무엇인지 스스로 질문을 던져봅니다. 판소리에 대한 책이라면 '판소리에서 소리꾼은 어떤 공부를 하는가?', '판소리가 남쪽 지방에서 유행한 까닭은 무엇일까?', '판소리는 누가 즐겼을까?'와 같은 질문을 스스로 만들어볼 수 있습니다. 이렇게 질문을 만들면 책을 읽을 때 질문에 대한 답을 찾으며 읽게 되어 집중력을 높입니다. 자신이 질문한 것에 대한 답을 책에서 찾았을 때 읽는 재미가 한층 더해집니다.

❼ 어떤 내용일까?(예측하기)

책을 읽기 전에 나올 내용을 예측해보는 것은 본격적인 독서를 위한 준비운동입니다. 제목과 차례를 훑어보거나, 책 안의 몇몇 그림, 도표 등을 훑어보고 다음에 나올 내용을 예측할 수 있지요. 대부분 책에서 다루어질 내용은 책의 차례에 잘 제시되어 있습니다. 예측하기는 책을 읽기 전뿐만 아니라 읽어가면서, 읽은 후에도 계속 할 수 있어요. 독자는 책을 읽는 내내 다음에 무슨 일이 벌어질지, 어떤 내용이 나올지 궁금해하면서 읽습니다. 이어질 내용에 대한 궁금증이 바로 책을 읽게 하는 강력한 힘이지요.

독서의 기본기 다지기 2: 책을 읽으면서

❶ 앗, 내 생각과 다르네(나와 다른 생각 찾아 밑줄 긋기)

글을 읽다가 자신의 생각과 다른 생각을 만나면 밑줄을 긋는 게 좋습니다. 밑줄을 긋고 그 옆에 자신의 생각을 적습니다. 책을 읽기 전에 예측했던 것이나 예전에 자신이 알고 있던 내용과 다른 것도 표시해둡니다. 이러한 전략은 저자의 생각과 내 생각을 비교하고, 왜 다른지를 알아보려는 적극적인 자세를 갖게 합니다. 이렇게 표시를 해두면 책을 읽고 나서 자신의 생각이 어떻게 달라졌으며, 여전히 수긍이 가지 않는 점이 무엇인지 분명하게 구분할 수 있습니다.

❷ 몰랐던 내용이네(새로운 정보 찾기)

글을 읽다가 자신이 몰랐던 새로운 정보를 찾아 밑줄을 긋는 것은 독서를 하는 기본적인 자세입니다. 새로운 정보를 찾고, 그것을 이해하기 위한 것이 독서의 일차적인 목적이기 때문입니다. 새로운 정보에 밑줄을 긋는 것도 좋지만 그 옆에 간단한 어구로 정리해두는 것도 이해에 도움이 됩니다.

❸ 읽다 보니 번개처럼 생각이 떠오르네(아이디어 메모하기)

글을 읽으면서 번뜩이는 아이디어가 떠오를 때 메모하는 습관은 아주 성숙한 독서 태도이자 창의적인 독서라고 할 수 있습니다.

군이 거창한 아이디어가 아니어도 좋습니다. 전에 읽었던 책과 비슷한 내용이 나왔거나 서로 연관이 된다고 생각하면 간단히 메모해둡니다.

❹ 이 다음에 이런 내용이 이어질 거야(다음 내용 예측하기)

글을 읽어가면서 다음에 나올 내용을 예측하며 읽는 것은 매우 열성적인 독서 태도입니다. 이야기 글이라면 인물의 다음 행동이 궁금한 부분에서 잠깐 책을 덮고, 다음에 인물이 어떤 행동을 할지 상상해봅니다. 이어질 내용을 상상하려면 이제까지 인물이 어떻게 행동했으며, 어떤 성격인지를 알고 있어야 합니다.

아이들이 다음 이야기를 예측할 때는 왜 그렇게 생각했는지 그 까닭을 물어보아야 합니다. 이야기 속에는 주인공이 그렇게 행동할 만한 이유가 있고, 인물에게 생긴 문제점이 있습니다. 예측하기는 글의 흐름을 꿰뚫어 읽는 데 도움을 주는 전략입니다.

❺ 왜 그런 생각을 할까?(저자에게 질문하기)

저자의 생각에 의문이 들 때, 또는 인물의 행동이 이해되지 않을 때 저자에게 질문을 해보는 전략입니다. 저자의 주장이나 설명에 앞뒤 논리가 맞지 않을 때에도 표시하고 질문을 합니다.

❻ 바로 이게 핵심이야(중심 내용 찾기)

글을 읽어가면서 문단의 중심 내용을 찾는 것도 독서의 기본 자세입니다. 대부분 글의 맨 앞 문장이나 마지막 문장이 문단의 중심 내용이지만, 간혹 중간에 있는 경우도 있습니다. 중심 내용을 말해주는 문장을 찾았다면 그 문장이 왜 중심 내용인지 말하도록 합니다. 또 중심 내용은 그것을 뒷받침해주는 여러 세부 사항들이 있음을 알려주고 세부 사항들을 찾도록 합니다.

❼ 처음 보는 단어네(낯선 어휘 찾아 이해하기)

어휘력이 곧 독해력이라는 말이 있습니다. 글을 읽어가면서 잘 모르는 낱말을 찾아 밑줄을 긋는 것은 꼭 길러야 할 습관이지요. 낯선 어휘에 밑줄을 그은 다음 어휘의 뜻을 생각해보는 데에도 여러 가지 방법이 있습니다.

독서의 기본기 다지기 3: 책을 다 읽은 후에

❶ 줄거리를 요약해볼까?(줄거리 간추리기)

책을 많이 읽으면 저절로 요약을 잘하게 될 것 같지만 꼭 그렇지는 않습니다. 요약하기도 연습을 통해서 배우고 익혀야 하는 전략이지요. 요약한다는 것은 중요한 내용을 가려낸다는 뜻입니다. 중요한 것과 덜 중요한 것을 가려낼 줄 아는 것이 바로 요약하기 전략입니다. 무엇이 더 중요한지를 알아내는 것은 큰 개념과 작은 개념을 잘 구분할 줄 아는 것과 같습니다. 또 문단의 전체 내용을 아우르는 핵심 문장을 찾아야 하고, 때로는 문단에 중심 문장이 없으면 전체 내용을 종합하여 중심 내용을 추론할 수 있어야 합니다. 이렇게 요약하기를 하면 글을 읽을 때 중요한 정보에 주의를 집중하게 되고, 읽은 것을 잘 기억할 수 있습니다.

❷ 무엇을 새로 알게 되었지?(생각 지도 그리기)

이미 알고 있었던 정보들은 제외하고 글을 읽으면서 새롭게 알게 된 것만 정리하는 전략입니다. 정보들을 시각화하여 정리하면 기억에 도움이 됩니다. 정보들을 정리하는 방법은 여러 가지가 있으나 가장 일반적으로 사용되는 방법은 의미 지도나 마인드맵Mind Map입니다.

❸ 무슨 내용이었지?(내용 이해하기)

책을 읽고 내용을 잘 이해했는가를 다시 알아보는 것은 아주 중요합니다. 아이들은 책을 읽을 때 인상 깊은 장면에 몰입하거나 전체적인 느낌만 기억할 뿐 세부 내용을 잘 기억하지 못합니다. 주인공에게 무슨 일이 일어났으며, 왜 그런 행동을 했으며, 왜 그런 결과가 생겼는지 따지지 않습니다. 하지만 책을 읽고 나서 아이 수준에 맞게 질문을 한다면 아이는 책 내용을 되새겨보거나 책을 뒤적이며 내용을 이해하려고 애쓸 것입니다.

내용 이해를 위한
질문의 예

1. 글에 이미 나와 있는 세부 내용을 파악하기 위한 질문

- 주인공은 어떤 사람인가?

- 어디서 벌어진 이야기인가?

- 무슨 일이 일어났는가?

- 사건의 결과는 어떻게 되었는가?

- 누가 어떤 행동을 했는가?

- 주인공에게 생긴 문제는 무엇인가?

2. 앞뒤 맥락을 따지며 해석하는 질문

- 그 상황에서 인물은 어떤 심정이었을까?

- 왜 그런 행동을 했을까?

- 여러 가지 표현으로 보아 어떤 분위기인가?

- 인물의 말과 행동으로 보아 성격은 어떠한가?

- 인물들은 무슨 일로 갈등을 겪고 있는가?

- 저자는 무엇을 근거로 그런 주장을 할까?

3. 내 경험과 관련지어 생각해보는 질문

- 나라면 어떻게 할 것인가?

- 내가 그렇게 행동했을 때 다음 사건이 어떻게 전개되었을까?

- 등장인물이 처한 상황과 비슷한 상황에 처한 적이 있었는가? 언제 무슨 일로
  그러했는가? 다시 그런 상황이라면 어떻게 하고 싶은가?

4. 옳고 그름을 따져보는 질문

- 등장인물이 한 행동에 대해 어떻게 생각하는가?

- 가장 마음에 드는 인물은 누구이고, 그 까닭은 무엇인가?

- 인물 가운데 야단치고 싶은 사람은 누구이고, 그 까닭은 무엇인가?

- 주인공의 가치관에 대한 내 생각은 어떠한가?

- 심리학자라면 주인공에게 어떤 충고를 하고 싶은가?

- 역사 이야기에서 사실과 허구를 구별한다면?

- 등장인물 중에 상을 준다면 누구에게 왜 주고 싶은가?

02

좋은 질문을 던져라

질문에 따라 생각이 달라진다

"책을 읽어줄 때 질문을 하는 것이 좋을까요? 아니면 그냥 읽어주기만 하는 게 좋을까요? 질문을 한다면 어떻게 해야 하나요?"

부모들로부터 자주 받는 질문입니다. 질문과 관련된 여러 논문을 보면 부모가 책을 읽어줄 때 적절히 질문을 하면서 대화를 나누는 것이 이해력에 도움을 준다는 내용이 많습니다. 특히 부모가 던지는 질문의 수준이 자녀의 독서력, 즉 사고력에 영향을 준다고 합니다.

질문을 하되 아이에 따라 질문을 달리하는 게 좋습니다. 책을 좋아하지 않거나 독서 수준이 낮은 아이에게는 동화구연을 할 때처럼 책을 실감나게 읽어주면서 아주 쉬운 질문을 합니다. 책을 읽는 중간에 "누가 나왔지?", "그래서 어떻게 되었다고?"와 같이 아이가 대답하기 쉬운 질문을 하는 것이지요. 아이가 대답을 잘하면 "와, 열심히 들었구나!", "맞아! 잘 찾았어" 하면서 칭찬을 해주어 즐거움을 느끼도록 합니다. 만약 아이가 얼른 대답을 하지 못하면 "다시 읽어볼까?" 하고 다시 천천히 읽어주면 됩니다. 책을 많이 접하지 않았던 아이들은 한 번 읽어서는 전체 내용이 들어오지 않기 때문이지요.

반면 책을 많이 읽어서 독서력이 높은 아이에게는 너무 빤한 내용을 묻거나 지나치게 연극적인 제스처를 하며 읽어주는 것은 바람직하지 않습니다. 이런 아이에게는 책의 다음 이야기를 상상해보게 하거나, "네가 만약 주인공이라면 어떻게 문제를 해결했을까?", "만약 시대가 바뀌었다면 어떻게 되었을까?"와 같이 자신의 생각을 펼칠 수 있는 질문이 더 효과적입니다.

책을 읽으면서 어른이 질문을 하면 아이들은 답을 찾으려고 애쓰게 됩니다. 그러므로 어떤 질문을 하느냐에 따라 생각이 달라질 수밖에 없지요. 또 자연스럽게 부모가 하는 질문 방식을 배워서, 혼자 책을 읽을 때 적용하게 됩니다. 물론 질문을 할 때에는 책을 얼마나 이해했는지 알아내기 위해 캐묻듯이 해서는 안 됩니다. 어디까지나 책을 통해 대화하는 즐거움을 느끼도록 하는 것이 가장 중요합니다. 어른이 먼저 질문을 시작했더라도 아이가 더 많은 질문을 생성해내도록 유도하는 것이 현명한 코칭입니다.

아이의 흥미에 따라 질문을 조절한다

질문은 책을 읽기 전부터 할 수 있습니다. 제목이나 표지를 보고 "제목을 보니 떠오르는 게 있니?", "이미 알고 있었던 게 있어?", "무슨 내용이 나올까?" 등의 질문을 하면서 책에 대한 관심을 불러일으킵니다. 머리말이나 차례를 읽으면서도 같은 질문을 할 수 있겠지요. 정보를 주는 책이라면 미리 궁금한 점에 대해 질문을 만들어보게 하는 것도 좋습니다. 책을 읽는 도중에도 "지금까지 읽어보니 무슨 일들이 일어났더라?", "가장 큰 문제가 뭐지?", "앞으로 어떤 일들이 벌어질 것 같아?" 등의 질문을 하면서 내용의 흐름을 놓치지 않으면서 호기심의 끈도 잇도록 합니다.

책을 다 읽은 후에는 "어떤 장면이 가장 기억에 남았니?", "가장 맘에 드는 사람은 누구야?"와 같이 편하게 대답할 수 있는 질문으로 시작합니다. 그런 다음 "주인공은 왜 그렇게 행동했을까?", "너라면 그럴 때 어떻게 하겠니?", "결말이 말하고 있는 깊은 뜻은 뭘까?", "작가가 사람들에게 하고 싶은 말은 무엇일까?" 등 점차 진지한 질문으로 옮겨갑니다. 물론 이런 질문들은 책을 읽어줄 때의 상황이나 아이의 흥미에 따라 조절해가며 하는 게 좋을 것입니다. 모든 책마다 질문을 해가며 읽어줄 필요는 없습니다. 어떤 책들은 질문을 하지 않고 재미나게 읽어주기만 해도 좋습니다.

독서 후 질문의 유형

1. 단순한 내용을 떠올리는 질문

- 흔히 '누가', '어디서', '무엇을'로 시작되는 질문으로 아이가 이미 배운 사실을 기억하고, 반복하고, 단순히 재생하도록 요구하는 질문
- 단순하고 짧은 줄거리를 이해하고 있는지 물어보는 질문

2. 책에 답이 나와 있는 질문

- 이미 배운 내용에 대한 이해를 촉진시키거나 복습을 할 때 흔히 사용하는 질문
- 어떻게 답을 알아내는가의 과정을 알기 위해 쓰는 기술
- 제대로 이해하였는가를 알아보는 질문
- "주인공이 겪은 주요 사건들은 무엇이었지?"
- "주인공은 이 사건을 통해 어떤 것을 얻었지?"

3. 스스로 답을 생각해내는 질문

- 책에 답이 명시되어 있지 않지만 앞뒤 맥락을 근거로 답을 유추해내도록 하는

기술

- "주인공은 왜 그렇게 행동했다고 생각하니?"

- "이런 행동을 하는 것으로 보아 이 다음에 어떤 일이 벌어질 것 같니?"

4. 평가적 사고 질문

- 등장인물의 행동이나 말에 대해 자기 의견을 내도록 하는 것

- 비판을 하거나 판단을 할 때에는 그에 합당한 근거를 세워 말하도록 함

- "홍길동이 병조판서를 달라고 임금에게 건의한 것에 대해 어떻게 생각하니?"

- "작가가 이런 결말을 내린 것에 대해 너는 어떻게 생각하니?"

03

주제는 무엇인가

주제를 찾는 전략

"해리포터의 주제는 무엇일까?"

이런 질문을 던지면 많은 사람들이 얼른 대답을 못하고 고개를 갸웃거립니다. 2000년 이후 전 세계에서 가장 많이 팔렸다는 해리포터 시리즈. 수많은 사람들이 즐겨 읽었을 책이건만 주제에 대한 진지한 탐구는 미흡한 듯합니다. 책을 읽고 주제를 찾는 일은 그 작품의 중심이 되는 사상을 읽어내는 것입니다. 모름지기 책을 읽었다면 글쓴이가 독자에게 말하고자 하는 의도 정도는 파악할 줄 아는 게 기본일 것입니다. 주제를 파악했느냐 못 했느냐는 독자의 자존심이 걸린 일입니다.

우리는 그동안 국어 시간에 습관처럼 주제를 찾았으면서도 막상 책을 읽고 주제 찾는 일을 소홀히 하는 경향이 있습니다. 그것은 주제가 뭔지 탐구해보지도 않은 채 참고서에서 알려준 대로 외워서 시험을 치렀던, 별로 즐겁지 않았던 기억 때문일 것입니다. 어쩌면 주제를 찾았다기보다 주제를 강요받았다는 말이 맞을지도 모르겠습니다. 한편으론 주제를 찾는 방법을 잘 모르거나, 주제를 찾아가는 재미를 느끼지 못했기 때문일 수도 있고요. 그렇다면 책을 읽고 나서 주제를 찾는 전략에는 무엇이 있을까요?

❶ 제목에 대해 생각해본다

책을 읽고 주제를 찾는 첫 번째 방법은 책 제목에 대해 깊이 생각해보는 것입니다. 흔히 '장발장'으로 그 제목이 잘못 알려진 빅토르 위고의 『레미제라블』은 '비참한 사람들', '불행한 사람들'이라는 뜻인데, 작가가 왜 특별히 이런 제목을 지었는지 생각해볼 필요가 있습니다.

책 제목에서처럼 이 소설의 주인공 장발장도 비참한 사람들에 속했던 사람입니다. 장발장의 누나, 조카들은 물론이고 팡틴과 코제트도 모두 가난하고 힘없는 사람들이었습니다. 장발장과 팡틴의 불행했던 삶은 당시 왕과 귀족 등 지배층에 의해 고통을 받던 하층민들의 삶을 보여줍니다. 작가가 이렇듯 힘들게 살아가는 사람들을 작품 속에 등장시킨 까닭은 작가의 삶과 사상을 통해 더 자세히 알 수 있습니다.

❷ 작가가 살았던 시대, 사상과 책을 연결해본다

따라서 주제를 탐색하는 두 번째 방법은 작가가 살았던 시대와 사상을 책과 연결지어 생각해보는 것입니다. 빅토르 위고는 프랑스 혁명의 물결이 휘몰아치던 시대를 직접 경험한 사람입니다. 정치에 참여하여 의회 의원으로 활동하는 등 혁명을 통해 이상적인 세상을 만들고자 했지요.

그는 『레미제라블』의 서문에 "법이 인간의 자유를 구속하고 인간을 고통스럽게 하는 가난의 문제를 해결하지 못하고, 인간의 권리를 통제하는 한, 나는 계속 글을 쓸 것이다"라고 썼다고 합니다. "시인은 민중의 목소리를 대변해야 한다"고 강조했던 그는 죽기 직전에 "나는 가난한 사람들에게 5만 프랑을 준다. 나는 그 가난한 사람들의 영구차에 실려 무덤으로 가기 바란다"라고 말했다고 합니다. 작가는 소설을 통해 프랑스 혁명의 정신인 자유와 평등, 박애를 말하고 싶었을 것입니다.

❸ 인물에 대해 탐구한다

책에서 주제를 찾는 세 번째 방법은 인물들에 대해 탐구해보는 것입니다. 『레미제라블』의 주인공 장발장은 귀족도 지식인도 아니지만 스스로 노력한 결과 성공한 자본가가 됩니다. 자본가가 된 장발장은 가난한 사람들을 돕고 많은 사람들을 도와주지요. 말하자면 장발장은 당시 프랑스 혁명과 시대를 주도하던 부르주아 계층입니다. 부르주아가 된 장발장이 가난한 사람들을 돕는 등 사회를 위해 일하는 모습을 보여줌으로써 작가는 자본가, 지식인들이 어떻게 살아야 할 것인지 그 모델을 제시하고 있는 것입니다. 또한 장발장의 일생을 통해 아무리 힘들고 어렵더라고 자신의 운명을 스스로 개척해나감으로써 훌륭한 삶을 살 수 있다는 희망을 보여주고 있습니다.

장발장의 인생에 결정적인 영향을 준 미리엘 신부와 장발장을 감시하던 자벨 형사의 행동을 탐구하는 것도 주제를 아는 데에 도움이 됩니다. 장발장을 용서하고 은그릇과 은촛대까지 주는 미리엘 신부는 마치 하느님의 무한한 사랑을 보여주는 듯합니다. 작가는 미리엘 신부의 행동을 통해 성직자, 즉 종교의 역할을 새삼 강조하고 싶었던 것은 아닐까요? 가난한 사람들에게는 너무나 가혹한 법으로 인해 상처를 입고 복수심에 불타 있던 장발장을 새롭게 변화시킨 것은 바로 미리엘 신부의 따뜻한 용서였으니까요.

한편 장발장을 감시하고 쫓다가 결국 강물에 몸에 던진 자벨은 법이 왜 존재하는가를 묻지 않고 오로지 법은 지켜져야 한다는 고정관념에 사로잡힌 사람들의 모습을 대변하고 있습니다.

❹ 결말로 의미를 생각해본다

주제를 찾는 또 다른 방법은 이야기의 결말을 살펴보고 그 의미를 깊이 생각해보는 것입니다. 『레미제라블』은 죽음을 앞둔 장발장이 코제트에게 자신의 과거를 밝히고, 미리엘 신부가 주었던 은촛대를 주면서 코제트의 어머니에 대해 들려준 뒤 조용히 숨을 거두는 것으로 이야기가 끝납니다.

여기서 장발장이 마지막으로 남긴 은촛대가 의미하는 것은 무엇일까요? 은촛대는 가톨릭 미사 때 촛불을 밝히기 위해 받침으로 쓰는 것입니다. 촛불을 밝히는 것은 주위를 환하게 하는 의미와 하느님께 자신을 봉헌하는 의미도 포함하고 있습니다. 장발장이 평생 은촛대를 지니면서 미리엘 신부의 용서와 사랑을 간직하였고, 가난한 사람들에게 용서와 사랑을 베풀며 살았던 삶 자체가 마치 은촛대와 같다는 점에서 은촛대가 주제를 말해주는 단어임을 알 수 있습니다.

주제 찾기는 책의 깊은 맛을 음미하는 것과 같다

『레미제라블』을 예로 들어 소설에서 주제를 찾는 방법을 알아보았지만, 사실 어떤 사람의 삶을 한 마디로 정의 내리기 어려운 것처럼 한 권의 소설이 말하고 있는 주제는 다양할 수 있습니다. 때로는 저자 자신도 말하고 싶은 점을 분명히 밝히지 않고 독자가 탐구하도록 펼쳐놓기도 합니다. 소설에 따라서는 역사적인 사건이나 작가의 사상이 깊이 개입된 경우가 있는가 하면, 인물의 성격 창조에 집중되어 있기도 합니다. 또 『난장이가 쏘아 올린 작은 공』

이나 『원미동 사람들』처럼 소설의 배경이 되는 장소가 주제와 밀접한 관련이 있기도 합니다.

그런가 하면 소설 속 등장인물의 변화나 가치관을 찾는 것도 주제를 탐구하는 방법이 됩니다. 『비밀의 화원』에서 주인공 메리가 처음엔 매우 거칠고 신경질적인 아이였으나, 비밀의 화원을 가꾼 후 남을 배려하고 친절한 아이로 바뀌는 것을 통해 주제를 짐작할 수 있습니다. 여기서 화원을 가꾼다는 것은 노동의 가치를 말하기도 하고, 내면의 밭을 가꾼다는 의미도 되지요.

책을 읽고 주제를 찾는 것은 책의 깊은 맛을 음미하기 위한 과정입니다. 별생각 없이 건성으로 후딱 읽어치우는 것은 책의 주제가 던지는 갖가지 의미를 놓치는 일입니다. 초등 저학년 무렵까지는 재미나게 읽는 것으로 족하지만, 점차 요모조모 살펴가며 읽어서 주제를 찾는 재미도 느끼도록 도와주어야 합니다.

04
어떻게 전달할 것인가

자기 생각을 설득력 있게 표현할 줄 아는 능력

얼마 전에 미국 하버드대 글쓰기 강좌에 많은 학생들이 몰렸다는 기사를 본 적이 있습니다. 논문 쓰는 법을 가르치는 논술 강좌는 필수 과목이고, 이제는 시나 소설, 논픽션 등 문예 창작 강좌도 인기가 높다고 합니다. 시인이나 소설가가 되기 위해 그 강좌를 신청한 것이 아닙니다. 그렇다고 인문학 전공자만 글쓰기 강좌에 관심이 있는 것이 아닙니다. 자연과학 분야 전공자들까지 글쓰기에 관심이 많다는 것입니다. 이렇게 글쓰기 강좌에 학생들이 몰리는 이유는 무엇일까요? 기사를 쓴 기자의 말을 빌리면, 21세기는 어떤 직업을 가지든 자기만의 독창적인 방법으로 자기 생각을 설득력 있게 표현할 줄 아는 능력을 필요로 하기 때문입니다.

'설명하지 말고 설득하라'고 합니다. 여기서 설득한다는 것은 상대방이 감동하여 마음을 움직이도록 해야 한다는 뜻이지요. 머릿속에 든 정보들을 설명하는 것만으로는 듣는 이를 감동시킬 수 없습니다. 예를 들어 와인을 팔 때, 와인이 지니고 있는 효능이나 숙성 기간 등을 알려주는 것만으로는 뭔가 부족합니다. 여기에 와인을 재배하기까지 겪었던 농부의 이야기를 들려줄 때, 또는 와인에 얽힌 옛이야기나 신화를 접목하여 들려줄 때 사람들의 마음을 움직일 수 있습니다. 이것을 '스토리텔링' 기법이라고 하는데, 스토리텔링은 스토리story와 텔링telling의 합성어로 상대방에게 알리고자 하는 바를 재미있고 생생한 이야기로 설득력 있게 전달하는 것을 말합니다.

어떻게 독창적으로 표현할 수 있을까

말을 잘하고 글을 잘 쓸 줄 아는 사람은 저자이면서 동시에 독자 입장에 설 줄도 아는 사람입니다. 현재 벌어지는 상황이나 분위기, 목적, 그리고 상대방의 눈높이를 고려할 줄 알아야 합니다. 그러려면 잘 듣고 제대로 읽는 습관이 바탕이 되어야 합니다. 자신이 알게 된 점을 다양한 상황과 대상에 맞게 전달하는 연습을 자주 해보아야 하겠지요.

예를 들어 김치에 대한 책을 읽었다면 그저 김치에 대한 정보를 나열하는 것이 아니라, 김치를 잘 모르는 외국인이나 유아에게 소개하는 말이나 글을 준비해볼 수 있을 것입니다. 김치박물관을 안내하는 글을 만들어보거나 김치 축제 홍보 글을 작성해보는 것도 좋습니다.

다만 이때 전달하고자 하는 목적과 상황, 대상에 맞추되, 어떻게 하면 기존의 것들과 차별화된 독창적인 방법으로 표현할 것인지 구상을 해보아야 합니다. 김치에 대해 알게 된 정보, 김치에 대한 특별한 경험과 깨달은 점을 바탕으로 이야기를 만들어 소개하는 것도 하나의 방법이겠지요. 또 사람들에게 익숙한 평강공주를 등장시켜, 평강공주가 온달과 결혼한 후 김치 담그는 법을 배워가는 과정을 재미있게 만들어볼 수도 있을 것입니다.

그렇다면 책을 읽고 잘 전달하는 능력을 기르기 위해 무엇을 어떻게 도와주면 좋을까요? 가장 중요한 첫 번째 코칭은 잘 듣도록 하는 것입니다. 우리는 귀로 들으면서 이해력이 높아지고 생각이 정리됩니다. 어려서 책을 읽어줄 때 가만히 앉아 이야기에 귀를 기울임으로써 집중해서 듣는 능력이 형성됩니다. 두 번째는 책을 읽고 나서 내용을 다시 말해보는 기회를 자주 갖도록 배려하는 것입니다. 꼭 책이 아니어도 좋습니다. 하루 중에 있었던 사건을 여러 사람들 앞에서 편하게 풀어놓도록 하면 됩니다. 말의 논리가 안 맞고 서툴러도 열심히 들어주고 반응해주다 보면, 말하는 사람도 내용이 정리되고 논리가 서지요. 특히 부모의 존중어린 태도와 긍정적인 반응은 아이가 자신감을 갖고 말하도록 도와주는 특효약입니다.

다음은 도산 안창호 선생님 이야기를 읽고 독후감 쓰는 것을 도와주는 과정을 소개한 것입니다.

자녀 : 책을 읽었는데 어떻게 독후감을 써야 할지 모르겠어요.

부모 : 위인전을 왜 읽는다고 생각하니?

자녀 : 그거야, 위인의 삶을 본받아서 나도 훌륭한 사람이 되려고요.

부모 : 그래, 독후감을 쓰려면 구체적으로 어떤 점이 훌륭한지, 그 이유는 무엇인지 생각해보아야 한단다.

자녀 : 안창호 선생님은 참 용감해요. 열여섯 살 나이에 혼자 서울에 와서 아는 사람도 없는 교회에 들어가 공부를 했어요. 그때만 해도 교회 나가는 사람은 서양귀신에 홀렸다고 생각했는데 말이죠. 또 스무 살 나이에 수많은 사람들이 모인 자리에서 연설도 했어요. 스물네 살 때 미국으로 가서 초등학생들과 같이 공부한 것도 용감하고요. 일본이 계속 안창호 선생님을 잡아다 감옥에 가두고 고문할 때도 정말 꿋꿋하고 당당했어요.

부모 : 그래, 정말 용기 있는 분이구나. 또 안창호 선생님의 행동 중에 기억에 남은 게 있었니?

자녀 : 네, 미국 교포들이 아무데나 쓰레기 버리고 술 먹고 싸우고 하니까 안창호 선생님이 빗자루 들고 혼자 청소했어요. 또 친한 분이 아프니까 몇 달 동안 일해서 번 돈을 몽땅 치료비로 주었고요. 교

장 선생님을 할 때에도 전교생을 일일이 기억하고 형편이 어려운 아이들을 도와주고요.

부모 : 안창호 선생님은 독립운동가로도 유명하지만 평소 인격적으로도 참 따뜻한 분이셨구나. 네 이야기를 들어보니까 이 책을 읽고 느낀 점이 크게 두 가지로 좁혀지는구나. "도전정신과 따뜻한 인격" 어때? 독후감 제목으로 하면 되지 않을까?

자녀 : 네, 아주 좋아요.

부모 : 지금까지 나눈 이야기를 정리하면 제목과 잘 어울릴 것 같다. 여기에 안창호 선생님이 사회적으로 이룬 업적은 무엇이고, 왜 우리가 그분을 존경하는지 생각하며 쓰면 되겠구나.

창의적 사고를 일으키는 독후 활동

1. 책을 본격적으로 읽기 전에 하는 활동

- 표지와 제목만 보고 경험을 살려서 상상하여 이야기 짓기

- 차례에 나온 소제목만 보고 상상하여 이야기 짓기

- 관련된 유인물 나눠주어 호기심 유발하기(사진, 그림, 신문기사 등)

- 실물 보여주기(인형, 비디오 테이프 등)

- 읽을 내용의 단서(간단한 줄거리) 제공하여 동기 유발하기

- 제목과 표지 목차만 보고 떠오르는 것 연상하기(브레인 스토밍)

2. 책을 읽은 후 하는 창의 활동

- 소설의 가장 중요한 부분을 그림으로 그려 표지 만들기

- 책을 읽고 널리 알리기 위한 포스터나 신문광고 만들기

- 책에 나오는 사건을 뉴스로 만들어보기

- 책에 나오는 장면을 뮤지컬 무대로 구성하기

- 만화, 연극이나 영화 대본으로 구성해보기

- 이야기 속의 분위기에 맞는 음악을 찾아보기

- 과학책을 읽은 후 유아용 그림책을 만들기

- 전통문화에 대해 읽은 후 축제 기획서 써보기

- 경제나 과학글을 읽은 후 이를 효과적으로 알리는 라디오 대본 써보기

- 뒷이야기를 창작해보기

- 인물에게 상장을 주기

- 이야기 들으면서 그림 그리기(자유연상)

- 등장인물 성격에 맞추어 캐리커처 그리기

- 역할놀이 하기(막대인형, 종이인형)

- 작품의 특정부분 낭독하기

- 읽은 내용을 시로 표현하기

- 작가보다 더 세부적으로 사건 묘사하기

- 친구에게 책을 소개하는 글 쓰기

- 이야기 전체 또는 부분을 무언극으로 바꾸기

- 기자회견이나 공개토론회 개최하기

- 구연한 다음에 녹음하기

- 등장인물 되어보기

- 등장인물과 가상 인터뷰하기

- 잡지에서 오려낸 인물로 사건 배경 만들기

- 이야기 속 흥미 있는 방의 평면도 만들기

- 잡지 신문에서 등장인물과 비슷한 사람 찾기

- 작가에게 편지쓰기

- 인물의 특별한 의상 그리기

- 책 속의 노래, 음악 찾기

- 시대적 특징 찾기

- 주인공의 여행 지도 만들기

- 요리법, 음식 찾기

- 시대 풍속, 유물 찾기

- 흥미 있는 단어 찾기

- 좋은 표현, 멋진 표현 찾기

- 은유 표현 찾아 다르게 고쳐보기

- 제목 다시 만들어보기

- 신문기자 되어 기사글 쓰기

- 노래가사 만들기

- 문제 만들기

- 호소문 쓰기, 설득의 글 쓰기

- 관점을 달리하여 글 쓰기(변호사 되어서 변호하기)

- 책 속의 사물과 대화하기

- 설문 조사지 만들기

- 설문 조사지 만들고 분석하는 글 쓰기

- 책 속의 단어를 이용하여 이야기 꾸미기

3. 현장학습과 연계한 활동

- 현장에 가서 무엇을 할 것인지 안내 팜플렛 미리 보기

- 팜플렛에 나와 있는 사진과 그림에 대해 이야기 나누기

- 팜플렛을 보고 떠오르는 것들을 연상하기(주제망 짜보기나 마인드 맵)

- 무엇을 가장 알고 싶은지 말하기

- 팜플렛과 경험을 연관짓는 안내 학습지 만들어 함께 이야기 나누기

- 워크북 앞쪽에 현장학습지에 대한 상상의 그림 그려보기

- 현장학습지와 관련되는 정보(사진, 그림 등) 가져오기
- 팜플렛에 나온 도표나 상징어들에 대해 이해하기
- 현장에서 구체적으로 어떤 활동을 할 것인지 미리 선택하기(그리기, 사진 촬영하기, 모니터하기 등)
- 책과 현장 체험을 연관짓는 활동 하기
- 현장에서 보고 느낀 것을 그림책으로 만들기(사진 이용)
- 현장 안내 팜플렛 다시 만들기(사진 이용)
- 관광 안내 신문 기사글 쓰기
- 시 쓰기
- 만화로 꾸미기
- 상상의 이야기글 꾸미기(안내 팜플렛의 사진 이용)

05

과거를 통해 현재를 읽는
역사책 읽기

역사책에 흥미를 갖게 하려면

역사책은 언제부터 읽혀야 할까요? 성급한 부모들은 초등학교
에 들어가자마자 역사물 전집을 들여놓지만 모든 아이들이 선뜻
역사에 흥미를 느끼는 것은 아닙니다. 아이마다 다르겠지만 일반
적으로 초등 저학년 때에는 본격적인 역사책을 읽기보다 역사에
대한 흥미를 갖도록 돕는 시기라고 할 수 있습니다. 흔히 역사책
읽기라고 하면 고대, 중세, 근대, 현대에 이르기까지 통치자의 주
요 정책이나 전쟁 등 통사론적 역사 지식을 습득하는 것으로 생각
합니다. 학교에서 배우는 역사책이 주로 그런 방식으로 구성되어
있으니까요.

하지만 역사책에 흥미를 갖게 하려면 먼저 인물 이야기를 읽어주는 게 좋습니다. 예를 들어 장영실에 대한 인물 이야기를 읽다 보면 세종대왕에 대해 궁금해지고 천민, 평민, 양반이라는 단어도 알게 되는 등 당시의 신분제도에도 관심을 갖게 됩니다. 또 을지문덕 장군에 대한 일화를 읽으면서 옛날에 고구려라는 나라가 있었고, 중국의 수나라가 우리나라에 침략해 왔을 때 지혜롭게 막았다는 정도의 지식을 아는 것으로도 충분합니다.

초등 중학년 때에는 역사와 친해지는 시기입니다. 그래서 이 시기에는 역사를 연대기적으로 배우기보다 주제별로 읽으면서 역사에 재미를 느끼도록 하는 게 좋습니다. 우리나라가 겪은 전쟁이나 나라를 세운 사람들의 이야기, 종교, 문화재, 예술, 놀이, 음식, 건축, 옷 등을 중심으로 엮은 책들을 읽어가면서 역사와 점차 친해지도록 하면 됩니다. 예를 들어 놀이의 역사에 대한 책을 읽으면서 직접 놀이도 해보고 놀이기구도 만들다 보면 자연스럽게 역사책에 흥미를 갖게 될 것입니다.

초등 고학년이 되면 학교에서 정식으로 역사를 배웁니다. 어려서부터 역사와 관련된 체험이나 역사책을 많이 읽었던 아이들은 역사 시간이 기다려지겠지만 그렇지 못한 아이들은 역사 시간이 지루할 수 있을 것입니다. 그럴 때 역사적 사건을 배경으로 다룬 역사소설을 읽는 것도 흥미를 유발하는 데 도움이 됩니다. 신라 마지막 왕자 마의태자의 이야기를 다룬 『마지막 왕자』나 조선시대 단종의 비극을 소재로 한 『어린 임금의 눈물』도 흥미 있는 역사

소설입니다. 일제 강점기를 배경으로 한 『마사코의 질문』, 제주 4.3 항쟁을 배경으로 한 『붉은 유채꽃』 등도 초등 고학년이 읽기에 좋습니다.

보통 역사 교과서는 설명 중심으로 되어 있어서 배경지식이 부족하면 얼른 이해하기 힘듭니다. 그러므로 사진이나 지도, 도표, 삽화가 풍부하고 스토리 형태로 친절하게 설명해주는 역사책을 골라 부모님이 함께 읽으면 좋습니다. 저자가 딸에게 이야기를 들려주듯이 써내려간 『한국사 편지』 시리즈가 그런 책입니다. 이때 인물 책을 함께 읽으면 시대 배경을 이해하는 데에 훨씬 도움이 됩니다.

역사와 오늘날의 문제를 연관시키며 읽기

고학년인 아이와 역사책을 읽을 때에는 역사책에 나온 사실이 전부 진실인가를 의심해보아야 한다는 것과, 역사는 기록한 사람이 무엇을 중요하게 여겼는가에 따라 다르게 기록된다는 점을 알려줄 필요가 있습니다. 즉, 아이에게 역사책을 읽어주면서 '궁예는 정말 나쁜 사람이었을까?', '의자왕은 진짜 방탕한 생활을 하였을까?' 등과 같은 질문을 던지는 것입니다.

또 역사적 사건을 기억하는 데에 그치지 말고 여러 다른 사건들과 연결하고 오늘날의 문제와 관련시켜 이야기를 나누는 것이 좋습니다. 예를 들어 세종대왕의 한글 창제에 대해 읽을 때에도 세종대왕이 백성의 편리와 유교를 널리 알리기 위해서 한글을 만들었다는 사실만 배우고 마는 것이 아니라 일제시대의 조선어학회 사건과 주시경 선생에 관한 이야기를 들려주면서 왜 일제가 한글을 쓰지 못하게 했는지에 대해서 이야기를 나누면서 주제에 대한 폭을 확장시키는 것입니다. 나아가 '한국인이 한국어를 모르면 과연 한국인이라고 할 수 있을까' 등 현실적이고 좀 더 본질적인 문제에 대해서도 토의해볼 수 있습니다.

또 역사책을 읽을 때에는 저자가 어떤 근거와 논리로 역사적 사건을 평가하고 있는지 꼭 찾아보아야 합니다. 동학을 두고 어떤 이는 '동학운동'이라고 하고, 어떤 이는 '동학농민전쟁'이라고 하며, 어떤 이는 '동학혁명'이라고 하듯이, 역사를 해석하고 판단하는 관점은 역사학자와 저자에 따라 달라지니까요.

역사책을 읽는 10가지 노하우

❶ 역사책과 친해지기 : 이야기로 풀어 쓴 책을 읽힌다

역사책을 처음 읽을 때나 역사책과 친해지게 하려면 이야기로 되어 있는 책부터 읽히는 게 좋습니다. 이야기로 풀어 쓴 책을 읽으면 술술 읽히고 이해도 잘 되거든요. 우리의 뇌는 이야기로 들려주는 것을 좋아하고 더 잘 기억한다고 합니다.

❷ 궁금한 점 찾아보기 : 흥미가 당기는 것부터 골라 읽힌다

설명글로 된 역사책을 읽을 때에는 책 전체를 처음부터 끝까지 몽땅 읽어야겠다는 생각을 하지 말고 관심 있는 것부터 읽히는 게 좋습니다. 역사책이라고 해서 굳이 시대 순서에 따라 읽을 필요는 없답니다.

❸ 이유 찾기 : 저자가 내세우는 이유를 찾아본다

역사책을 읽는 가장 큰 이유 중 하나는 바로 '이유 찾기'입니다. 판소리가 왜 유네스코 무형문화유산으로 지정되었는지, 고려청자의 어떤 점이 세계인들에게 감동을 주는 것인지, 부석사 무량수전을 왜 우리나라에서 가장 아름다운 목조 건축물이라고 하는지 그 이유를 찾는 것이 중요하다는 뜻입니다.

❹ 상상으로 체험하기 : 그 시대로 돌아가 체험하는 상상을 해본다

책을 읽기 전에 먼저 상상을 해봐도 좋습니다. 예를 들면 백제와 신라가 황산벌에서 전쟁을 벌이던 순간을 상상해보게 하는 것입니다. 계백장군을 만나 "전쟁에 나가기 전에 진짜로 가족들을 모두 죽였나요?" 하고 물으면 계백장군이 뭐라고 대답을 할까 상상해보는 것이지요. 이렇게 상상을 하면서 책을 읽으면 다음에 나올 내용이 궁금해져서 자기도 모르게 더 열심히 읽게 되지요. 또 작가가 상상으로 쓴 부분과 진짜 역사적 사실을 금방 이해할 수 있습니다.

❺ 기본 정보 정리하기 : 문화재에 대해 알게 된 내용을 잘 정리한다

문화재에 관해 소개한 책들은 대부분 그 문화재가 어느 시대에 만들어졌고 어떤 이유나 배경으로 만들어졌는지를 설명하고 있습니다. 또 그 문화재가 역사적으로 어떤 의미와 가치를 지니고 있는지를 알려주지요. 그러니까 책을 읽을 때에도 그런 정보를 먼저 찾아 읽고, 읽은 후에도 그 내용을 정리하면 오래도록 머릿속에 남아 있게 될 것입니다.

❻ 다른 관점에서 읽기 : 다른 입장에서 생각해본다

역사책을 보면 대부분 왕이나 장군 이야기가 많습니다. 그건 전해 내려온 역사책에 장군이나 왕에 관한 이야기가 많이 기록되어 있기 때문이지요. 그러다 보니 우리는 전쟁에 대한 책을 읽을 때 항상 장군의 입장에서 읽게 됩니다. 함께 전쟁에 참가하여 목숨을 잃은 병사들의 입장이나 적의 입장에서 생각해보도록 유도해보세요.

❼ 아이디어 생산하기 : 다른 것과 연결지어 새로운 것을 창조한다

역사책을 읽을 때에도 퓨전을 생각해보는 것이 좋습니다. 우리는 흔히 현대적인 것이 가장 최고이고 첨단이며 앞선 것이라는 생각에 사로잡혀 있지만 반드시 그렇지는 않습니다. 비록 기술이 뒤따라주지 않았을 뿐 옛 사람들이 생각에 있어서는 우리보다 뛰어난 경우도 많지요. 새롭게 만들어진 기술도 알고 보면 이전의 것을 바탕으로 약간 변형했거나 조합하여 만든 것이 대부분이에요. 구텐베르크의 활자도 와인을 만드는 원리와 동전을 찍어내는 원리를 합쳐서 만들어진 것처럼 말입니다.

❽ 숨겨진 의미 찾기 : 풍습에 담긴 의미를 찾아본다

백설기, 백의민족, 백두산, 백호, 백마. 이들의 공통점은 모두 흰색이 들어간다는 것이지요. 여러 역사책을 보면 우리 민족은 예부터 흰색을 좋아했다는 걸 알 수 있습니다. 일제 강점기 때 일본인들은 우리 민족이 흰옷을 입는 것을 두고 소복이라고 비꼬면서, 한이 많은 민족이어서 그렇다고 나쁜 말을 퍼뜨리기도 했지요. 식민지 지배를 은근히 정당화하려는 속셈이었습니다. 하지만 우리 민족이 백의민족으로 불린 것은 흰색을 하늘의 빛으로 여기고 신성하게 생각했기 때문이라고 합니다. 또 깨끗하고 순결한 흰색을 좋아하는 민족이라는 뜻도 담겨 있다고 하지요.

❾ 역사만화 읽기 : 재미있게 읽으면서 내용도 정리할 수 있다

역사만화를 볼 때에는 그냥 그림만 보고 지나치는 것이 아니라 역사적 사건의 배경과 과정, 결과, 문제점 등이 무엇인지를 알아보고 정리하는 습관을 들이게 합니다. 아이가 만화 그리기를 좋아한다면 직접 자신이 좋아하는 만화를 그려보게 하는 것도 좋습니다. 또 역사만화를 본 후에 글로 된 역사책을 보면 내용 이해도 잘 되고 생각도 깊어진답니다.

❿ 연결지어 읽기 : 역사적 사실을 현재와 연결지어 생각한다

예를 들어 1876년에 일어난 강화도 조약을 설명할 때 강화도 조약을 맺게 된 과정과 조약 내용을 자세히 알려주면서, 현재 우리나라가 미군에게 부여하고 있는 치외법권에 대해서도 함께 알려줍니다. 치외법권이란 우리나라에 살고 있는 다른 나라 외교관들에게 주는 권리인데, 강화도 조약 때 일본 상인들에게 그런 권리를 주는 바람에 우리나라 경제가 큰 타격을 입은 바 있지요.

06

비판하고 상상하는
과학책 읽기

과학책을 읽어야 하는 이유

우리 일상의 모든 삶은 과학과 긴밀하게 연결되어 있습니다. 게놈 프로젝트, 엘니뇨, 지구온난화, 줄기세포 등 우리는 매일 과학 용어가 등장하는 뉴스를 듣고 읽으며 화제로 삼지요. 그런데도 과학은 과학자들만의 특별하고 전문적인 일이고, 과학책은 과학을 전공할 사람들이 읽어야 한다고 생각하는 사람이 많습니다.

어쩌면 초등 저학년까지는 책이 덜 두껍고 그림책 위주의 과학책이어서 읽기가 쉬운 편이었는데, 학년이 올라갈수록 책도 두꺼워지고 내용도 어려워지면서 과학책과 멀어져버린 사람들도 있을 거예요. 더구나 학년이 올라가면서 낯선 단어들이 많이 보이고 좀 딱딱한 책을 만나면 얼른 읽고 싶어지지 않게 되지요. 고학년이 되면 과학 시간에 어려운 개념들이 많이 나오는데, 평소 과학책을 열심히 안 읽은 사람들은 이해력이 떨어져서 공부가 힘들어질 수도 있습니다.

과학책을 멀리한 대가는 중학교에 들어가면 확실히 치르게 됩니다. 초등학교 과학 시간은 실험 위주였지만, 중학교에 가면 과학 전반에 걸쳐 폭넓은 배경지식이 있어야 수업을 제대로 따라갈 수가 있지요. 그렇다고 과학책을 읽어야 하는 이유가 반드시 과학 성적을 올리기 위한 것만은 아닙니다. 과학책을 많이 읽으면 과학적 사고력, 과학적 상상력이 쑥쑥 커집니다.

그럼 어떻게 해야 자녀가 과학책과 친해질 수 있을까요? 평소에 과학책을 좋아하지 않는 아이라면 유아용이나 초등 저학년용 과학 그림책부터 읽히는 게 좋습니다. 쉽고 재미있게 소개한 과학만화도 괜찮습니다. 우선 가장 흥미 있는 분야를 중심으로 읽으면서 조금씩 어려운 책으로 옮겨가면 되지요. 낯선 분야의 책보다 익숙하고 친근한 분야의 책을 반복적으로 읽다 보면 읽기에 자신감이 생깁니다.

과학책을 효과적으로 읽는 방법

과학책을 효과적으로 읽는 방법을 더 알아봅시다. 과학책에 나오는 내용을 자신의 경험이나 일상의 삶과 연관짓는 방법이 있습니다. 책을 읽을 때는 반드시 차례를 살핀 다음 그 중 친숙한 제목을 골라 이미 알고 있는 배경지식과 경험을 끌어내는 게 좋습니다. 책을 써내려가는 방식이 어떠한지 파악하면 내용을 이해하는 데 큰 도움이 되지요. 과학책을 읽을 때에는 중요한 전문용어를 정확히 이해할 필요가 있습니다. 필요하다면 낱말장을 만들어도 좋고요. 또 읽은 후에는 반드시 새롭게 알게 된 지식과 이미 알고 있던 지식을 통합하여 자신만의 방법으로 그림이나 도표, 개념 지도 등으로 시각화해보고 그것을 남들 앞에서 진지하게 설명해봄으로써 과학적 지식을 넓힐 수 있습니다. 또 저자의 해석에 대해 이유를 들어 비판을 가해보고, 의문 나는 점을 질문으로 던지고, 자신만의 상상과 논리로 의견을 펼치는 것도 좋습니다.

과학책을 읽으면서 꼭 던져야 할 질문이 있습니다. 바로 과학이 누구를 위해서, 왜 발전해야 하는지를 물어야 합니다. 예를 들어 상당수 생물학자들은 식물의 유전자를 조작하면 전 세계의 식량 문제를 해결할 수 있다고 말하는데, 과연 이 말은 타당성이 있는 것일까요? 전 세계에서 생산되는 식량은 세계 사람들이 생존할 수 있을 정도의 양인데도 수많은 사람들이 여전히 굶주리고 있습니다. 나누지 않기 때문이지요. 부작용이 있다는 지적을 무릅쓰고 유전자를 조작해 식량 생산량을 늘린다고 해서 과연 굶주린 사람들이 사라질까요?

"훌륭한 과학자가 되기 위해 갖추어야 할 가장 중요한 조건이 무엇인가?" 몇 년 전 미국의 유명한 과학 잡지가 성공한 과학자

100명에게 이런 질문을 던졌다고 합니다. 이에 대한 답변은 무엇이었을까요? 그들이 가장 중요하게 꼽은 훌륭한 과학자의 조건은 '비판적 사고력'과 '과학적 상상력'이었습니다. 당연하다고 여기는 상식에 의문을 품고 비판적으로 따져보는 자세와, 근거 있는 상상으로 다르게 바라보는 태도가 가장 중요하다는 것이지요. 비판하기와 상상하기, 이 두 가지는 우리가 과학책을 읽는 목적이면서 동시에 읽는 방법이기도 합니다.

과학책을 읽는 10가지 노하우

❶ 과학책과 친해지기 : 과학그림책, 과학만화부터 읽어보게 한다

평소에 과학책을 좋아하지 않는 아이에게는 유아용이나 초등 저학년용 과학그림책부터 읽히는 게 좋습니다. 쉽고 재미있게 소개한 과학만화도 괜찮습니다. 우선 가장 흥미 있는 분야를 중심으로 읽으면서 조금씩 어려운 책으로 옮겨가면 됩니다. 낯선 분야의 책보다 익숙하고 친근한 분야의 책을 반복적으로 읽다 보면 읽기에 자신감이 생깁니다.

❷ 호기심을 가지고 읽기 : 궁금한 것부터 읽게 한다

『미래과학사전』이라는 책을 예로 들어 볼게요. 호기심은 표지에서부터 시작됩니다. 먼저 표지에 있는 책 제목과 그림, 글을 읽어봅니다. 인간형 휴먼 로봇 후보가 표지 사진으로 나와 있습니다. "어떤 기능을 가진 로봇이지?" 하는 궁금증이 생길 것입니다. 이런 궁금증이 생기면 얼른 책장을 넘겨 차례에 나온 소제목들을 훑어봅니다. 그런 다음 로봇에 대해 나온 소제목을 골라 페이지를 찾아서 읽어보게 합니다.

❸ 배경지식 활용하기 : 이미 알고 있던 내용을 끌어낸다

새로운 지식을 배우기 위해서는 '생각'이 필요합니다. 책을 읽을 때 책 속에 자기 생각을 넣으면서 읽어야 한다는 뜻입니다. 그 첫 시작은, 책을 읽기 전에 먼저 그 책 내용에 대해 이미 알고 있었던 것을 최대한 생각해내는 것입니다. 자기가 알고 있던 것을 떠올리다 보면 가지고 있는 배경지식을 다시 되새기는 효과도 있지만 무엇보다 이 책에는 무슨 내용이 나왔나 궁금해져서 얼른 책을 읽고 싶어진답니다.

❹ 궁금한 점 찾아보기 : 미리 질문을 해본다

소금에 관한 책을 읽는다고 생각해보세요. 본격적으로 책을 펼치기 전에 소금에 관해 궁금한 점을 질문으로 만들어봅니다. "소금은 언제부터 먹기 시작했을까?", "소금은 어디에서 어떻게 만들어지지?", "소금의 짠맛은 어떻게 생긴 것일까?", "바닷물은 왜 짤까?", "소금이라는 낱말의 뜻은?" 이런 식으로 미리 질문을 하면 책을 읽을 때 답을 찾기 위해 더 적극적으로 읽게 된답니다.

❺ 새로운 지식 찾기 : 몰랐던 내용을 체크한다

과학책은 과학에 관한 지식을 알기 위해서 읽습니다. 과학책을 읽을 때는 즐겁게 읽되 새로운 지식을 찾으려는 탐구정신을 가져야 합니다. 책을 읽다가 잘 몰랐던 사실을 알게 되었을 때, '앗, 이건 모르던 거잖아! 머릿속에 잘 새겨두어야지' 하면서 주의 깊게 읽어야 합니다. 밑줄을 긋거나 과학수첩에 적어두면 더 좋겠지요.

❻ 읽으면서 질문하기 : 더 자세히 알고 싶은 질문을 떠올려본다

『어린 과학자를 위한 몸 이야기』라는 책을 읽는다고 생각해봅시다. 이 글을 쓴 저자는 샤워할 때도 꼭 필요한 데만 살짝 비누칠을 하고 나머지는 흐르는 물로만 씻어도 좋다고 말합니다. 저자는 얼굴을 씻을 때 비누를 쓰지 않는데, 피부 속에서 나오는 천연 지방 성분을 억지로 씻어내는 게 너무 아까워서라고 합니다. 이런 내용을 읽고 어떤 질문을 하고 싶을까요? "저자의 말대로라면, 비누는 사용하지 않는 게 좋다는 건데, 왜 수많은 사람들은 비누를 사용하는 걸까?", "요즘 나오는 천연비누는 괜찮을까?" 같은 질문이 떠오르겠지요.

❼ 문제의 원인 찾기 : 왜 그런 문제가 생기는지 찾아보게 한다

『지구를 살려 줘』라는 책을 읽으면 핵발전소를 잘 관리해야 한다는 의견은 제시되어 있지만, 왜 체르노빌 핵발전소가 폭발했는지 그 원인은 자세히 나와 있지 않습니다. 이럴 때는 책에 표시를

해 두었다가 다른 책이나 자료를 뒤져서 체르노빌 발전소 사고 원인을 찾아보게 합니다.

❽ 개념 정리하기 : 무슨 뜻인지 정확히 파악하게 한다

예를 들어 『맛있는 자연 공부』라는 책에서 황사의 발생 지역, 발생 과정, 황사로 인한 피해, 도움을 주는 점, 황사의 양, 해결책 등을 읽었다고 생각해보세요. 다 읽은 후에는 새로운 개념을 과학 개념 노트에 그림이나 도표, 마인드맵 등으로 알아보기 쉽게 정리해보면 머릿속 기억창고에 지식이 차곡차곡 쌓이겠지요?

❾ 장점과 단점 찾기 : 과학의 편리함 속에 감춰진 문제점을 찾아본다

『위대한 발명품이 나를 울려요』는 우리가 편리하게 사용하는 발명품들의 문제점들을 설명하고 있어요. 항생제, 에어컨, 인공위성, 합성섬유, 반도체 등이 그런 것입니다. 책을 읽을 때 이들 발명품들의 문제점들을 찾아보고, 해결방법도 찾아보아야 합니다.

❿ 상상하며 읽기 : 책을 읽으며 상상력을 자극시킨다

상상이 상상을 낳는다는 말이 있습니다. 신기한 우주 지식을 알려주면서 상상력을 자극하는 책을 읽다 보면 자기도 모르게 책 속의 저자와 한 마음이 되어 상상 속으로 빠지곤 하지요. 책을 읽으면서 '만약 ~라면'이라는 질문을 던지며 상상을 하면 계속 궁금증을 갖고 책을 읽게 됩니다.

초등 인문독서를 위한 추천도서 150권

초등 저학년

술술 잘 읽히고 재미있는 책

여전히 부모님이 책을 읽어주어야 할 때이긴 하지만 가끔은 혼자서도 읽는 습관을 들여야 하는 때이므로, 소리 내어 읽을 때 술술 잘 읽을 수 있으면서도 다음 이야기가 궁금하여 계속 읽고 싶어지게 만드는 책이 좋습니다. 아직은 그림이 많아서 내용을 이해하기 쉬운 책이어야 술술 읽을 수 있고 읽기에 자신감이 생깁니다.

『치과 의사 드소토 선생님』, 윌리엄 스타이그 글/그림, 비룡소
『개구리와 두꺼비는 친구』, 아놀드 로벨 글/그림, 비룡소
『마법사 똥맨』, 송언 글, 김유대 그림, 창비
『호랑이 뱃속에서 고래잡기』, 김용택 글, 신혜원 그림, 푸른숲주니어
『방귀 만세』, 후쿠다 이와오 글/그림, 아이세움

좋은 생각을 심어주는 책

문제가 생겼을 때나 억울한 일이 생겼을 때 그것을 이치에 맞게 해결해나가는 과정을 보여주는 책입니다. 나에게 잘못을 했다

고 심하게 복수하거나 너무 잔인하게 사람을 해치는 장면이 나오는 책들은 좋은 책이라고 할 수 없습니다. 악과 맞서 싸우는 용감한 모습은 본받아야겠지만 항상 싸워서 문제를 해결하는 것보다는 지혜를 써서 현명하게 극복하는 모습을 보여주는 책이 더 좋겠지요.

『피튜니아, 공부를 시작하다』, 로저 뒤봐젱 글/그림, 시공주니어
『마법의 설탕 두 조각』, 미하엘 엔데 글, 진드라 케펙 그림, 소년한길
『똥이 어디로 갔을까』, 이상권 글, 유진희 그림, 창비
『잔소리 없는 날』, 안네마리 노르덴 글, 정진희 그림, 보물창고
『학교에 간 개돌이』, 김옥 글, 김유대·최재은·권문희 그림, 창비

가슴이 따뜻해지는 감동적인 책

초등학교 저학년 시기는 학교 생활을 시작하면서 선생님, 친구들과 사귀는 법을 배웁니다. 다른 사람의 생각과 감정을 이해하고, 남을 돕는 마음을 배우는 책이 좋습니다.

『가방 들어주는 아이』, 고정욱 글, 백남원 그림, 사계절
『너는 특별해』, 조운 링가드 글, 폴 하워드 그림, 베틀북
『세상에서 가장 아름다운 곳』, 앤 카메론 글, 토마스 B. 앨런 그림, 바람의아이들
『안녕, 캐러멜』, 곤살로 모우레 글, 페르난도 마르틴 고도이 그림, 주니어김영사
『내 짝꿍 최영대』, 채인선 글, 정순희 그림, 재미마주

상상력을 키워주는 책

책을 읽는 과정 자체가 상상력을 키우는 과정이긴 하지만, 읽기만 해도 기발한 상상력이 솟아나는 책을 소개합니다. 책 내용과 그림이 독자의 상상력을 촉발시키는 책입니다.

『구름 공항』, 데이비드 위즈너 글/그림, 베틀북
『멋진 뼈다귀』, 윌리엄 스타이그 글/그림, 비룡소
『프레드릭』, 레오 리오니 글/그림, 시공주니어
『책 먹는 여우』, 프란치스카 비어만 글/그림, 주니어김영사
『납작이가 된 스탠리』, 제프 브라운 글, 토미 웅게러 그림, 시공주니어

글이 많아도 잘 읽을 수 있는 책

초등 저학년 시기는 책을 소리 내어 정확하게 적절한 속도로 읽을 수 있도록 지도할 필요가 있습니다. 이때 책이 약간 두꺼워도 짜임새 있는 구성과 감동적인 내용으로 읽기에 자신감을 심어주는 책을 고르는 게 좋습니다.

『화요일의 두꺼비』, 러셀 에릭슨 글, 김종도 그림, 사계절
『장다리 1학년 땅꼬마 2학년』, 후루타 다루히 글, 나카야마 마사미 그림, 산하
『밤티마을 큰돌이네 집』, 이금이 글, 양상용 그림, 푸른책들
『시튼 동물기』, 어니스트 톰슨 시튼 글, 안지영 그림, 지경사
『학교에 간 사자』, 필리파 피어스 글, 논장

과학, 역사와 친해지는 책

초등 저학년은 대부분의 아이들이 이야기가 있는 책을 좋아합니다. 과학이나 역사 관련 책을 고를 때에도 처음에는 이야기 형식으로 되어 있는 것을 고르는 게 좋습니다. 그림이 세밀하고 설명이 쉽게 되어 있는 것으로 골라주면 됩니다.

『선인장 호텔』, B. 기버슨 글, M. 로이드 그림, 마루벌
『왜 땅으로 떨어질까?』, 곽영직 글, 김유대 그림, 웅진주니어
『우리가 자동차를 만들었어요』, 정하섭 글, 최호철 그림, 웅진주니어
『호박에는 씨가 몇 개나 들어 있을까』, 마거릿 맥나마라 글, G. 브라이언 카라스 그림, 봄나무
『하늘이 내린 시조 임금님들』, 우리누리 글, 정소영 그림, 주니어중앙

자존감과 자신감을 길러주는 책

자존감과 자존심, 자신감과 자만심은 각각 그 뜻이 다릅니다. 자존감은 자신을 존재 그 자체로 긍정하고 받아들이는 태도를 말하지만, 자존심은 다른 사람과 자신을 비교하여 자신이 더 잘한다고 여기는 마음입니다. 또 자신감이 자신을 믿고 해낼 수 있다고 여기는 마음이라면, 자만심은 자신만이 할 수 있다고 자랑하고 뽐내는 것입니다. 자존심과 자만심을 가진 사람은 타인과 비교하며 자신이 못하다고 여기면 몹시 괴로워하고, 자기보다 못한다고 여기는 사람을 무시하는 태도를 보이게 되지요. 동화 속 주인공들은

처음엔 자신의 외모나 능력 때문에 힘들어하지만 여러 사건을 겪으면서 자신을 다독이고 긍정하는 마음을 갖게 됩니다. 책을 읽는 아이들도 책 속 주인공의 마음과 행동의 변화에 공감하면서 자존감과 자신감을 기를 수 있습니다.

『짧은 귀 토끼』, 다원시 글, 탕탕 그림, 고래이야기
『고집쟁이 미생』, 김정호 글, 노성빈 그림, 을파소
『뚱뚱해도 괜찮아!』, 나탈리 피용 글, 델핀 뒤랑 그림, 세발자전거
『작은 걱정』, 안느 에르보 글/그림, 중앙출판사
『쿠키 한 입의 인생 수업』, 에이미 크루즈 로젠탈 글, 제인 다이어 그림, 책읽는곰
『난 하고 싶은 게 많아요』, 카를 뤼만 글, 존 A. 로 그림, 책그릇
『내 이름은 나답게』, 김향이 글, 김종도 그림, 사계절
『엄마 몰래』, 조성자 글, 김준영 그림, 좋은책어린이
『신데룰라』, 엘렌 잭슨 글, 케빈 오말리 그림, 보물창고
『틀려도 괜찮아』, 마키타 신지 글, 하세가와 토모코 그림, 토토북

다른 사람의 마음을 헤아릴 줄 알게 되는 책

열 살 이전의 아이들이 다른 사람의 처지와 입장을 헤아리고 공감하는 것은 쉽지 않습니다. 공감력은 일상에서 문제와 갈등을 해결하는 과정에서 기를 수 있습니다만, 책을 읽으면서도 기를 수 있습니다. 책을 읽으면서 다양한 등장인물들의 심정을 각각의 입장에서 이해함으로써 공감의 폭도 넓어지고 자연스럽게 동정심과 친절을 기르게 될 것입니다.

『비가 오면』, 신혜은 글, 최석운 그림, 사계절
『거짓말』, 고대영 글, 김영진 그림, 길벗어린이
『왕 짜증 나는 날』, 아미 크루즈 로젠달 글, 레베카 도티 그림, 주니어김영사
『아모스와 보리스』, 윌리엄 스타이그 글/그림, 시공주니어
『내게는 소리를 듣지 못하는 여동생이 있습니다』, 진 화이트하우스 피터슨 글, 데보라 코간 레이 그림, 웅진주니어
『까막눈 삼디기』, 원유순 글, 이현미 그림, 웅진주니어
『이건 불공평해!』, 마띠유 드 로비에 등저, 까뜨린느 프로또 그림, 푸른숲주니어
『낙서 전쟁』, 송재찬 글, 이경국 그림, 대교출판
『그림 도둑 준모』, 오승희 글, 최정인 그림, 낮은산
『하지마 형제』, 이소민 글/그림, 문학동네어린이

내 마음을 잘 전하고 서로 잘 지내는 법을 다룬 책

자신의 감정이나 입장을 상대방이 이해할 수 있게 잘 전달한다는 것은 쉬운 일이 아닙니다. 어른이 되어서도 효과적인 의사소통을 힘들어하는 사람이 많으니까요. 『화가 나는 건 당연해!』는 화를 내는 것은 나쁜 것이 아니라는 것, 중요한 것은 화를 어떻게 표현하는가를 배우는 것임을 알려주는 책입니다. 이런 책을 부모와 함께 읽으면서 자신의 경험과 연결지어 이야기 나눔으로써 다른 사람과 잘 지내는 방법을 기르게 될 것입니다.

『화가 나는 건 당연해!』, 미셸린느 먼디 글, R. W. 앨리 그림, 비룡소
『내 거야!』, 정순희 글/그림, 창비
『버럭 개구리』, 샤오씽싱 글, 다무 그림, 푸른날개

『여우의 전화박스』, 도다 가즈요 글, 다카스 가즈미 그림, 크레용하우스
『이럴 땐 싫다고 말해요!』, 마리 프랑스 보트 글, 파스칼 르메트르 그림, 문학동네어린이
『내가 정말 바라는 건요』, 수잔네 코페 글, 프란치스카 비어만 그림, 주니어김영사
『말풍선 거울』, 박효미 글, 최정인 그림, 사계절
『나랑 친구할래?』, 최숙희 글/그림, 웅진주니어
『짜장 짬뽕 탕수육』, 김영주 글, 고경숙 그림, 재미마주
『초대받은 아이들』, 황선미 글, 김진이 그림, 웅진주니어

여럿이 잘 지낼 수 있는 협동과 나눔에 관한 책

아이들은 커가면서 어떤 문제의 원인이 한 가지가 아니라는 것을 알게 됩니다. 때로는 양보를 해야 하고, 타협을 해야 한다는 것도 배워야 합니다. 또 풍속과 역사, 문화적 차이에 따라 생각이 다를 수 있고, 다른 문화도 존중해야 한다는 것도 배워야 합니다. 책에서 읽은 것은 직접 겪은 일이 아니지만 아이들로 하여금 문제를 바라보는 시각을 넓혀주고 나눔의 중요성을 깨우쳐줄 수 있습니다.

『기차 할머니』, 파울 마르 글, 프란츠 비트캄프 그림, 책내음
『똥줌오줌』, 김영주 글, 고경숙 그림, 재미마주
『단추 수프』, 오브리 데이비스 글, 듀산 페트릭 그림, 국민서관
『새 동생』, 배봉기 글, 박철민 그림, 대교출판
『너, 그거 이리 내놔!』, 티에리 르냉 글, 베로니크 보아리 그림, 비룡소
『다시 찾은 친구』, 카트리네 마리에 굴다게르 글, 시리 멜키오르 그림, 책속물고기
『짝꿍 바꿔 주세요!』, 노경실 글, 이형진 그림, 주니어RHK
『책을 사랑한 꼬마 해적』, 양태석 글, 이민혜 그림, 주니어김영사

『종이 공포증』, 수잔나 타마로 글, 크라우제 그림, 비룡소
『고맙습니다, 선생님』, 패트리샤 폴라코 글/그림, 아이세움

초등 고학년

자기 자신을 사랑하도록 만드는 책

자신의 외모나 환경 때문에 기죽지 않고 당당하게 살아가도록 용기를 주는 책, 힘든 처지에서도 희망을 주는 책, 자신의 좋은 점을 믿고 긍정적으로 살도록 힘을 주는 책이 좋은 책이라고 할 수 있습니다. 누가 뭐래도 나는 세상에서 하나뿐인 귀한 존재이고 나만의 개성을 살려나가겠다는 의지를 심어주는 책이 좋습니다.

『비밀의 화원』, 프랜시스 호즈슨 버넷 글, 타샤 튜더 그림, 시공주니어
『찰리와 초콜릿 공장』, 로알드 달 글, 퀜틴 블레이크 그림, 시공주니어
『박씨 부인』, 정출헌 글, 조혜란 그림, 한겨레아이들
『해리포터 시리즈』, 조앤 K. 롤링 글, 문학수첩
『몽실 언니』, 권정생 글, 이철수 그림, 창비
『피노키오』, 카를로 콜로디 글, 야센 유셀레프 그림, 시공주니어
『바리공주』, 백승남 글, 류준화 그림, 한겨레아이들
『어둠 속의 참새들』, 바버러 브루스 월리스 글, 이상규 그림, 아이세움
『산왕 부루』, 박윤규 글, 조승연 그림, 웅진주니어
『머피와 두칠이』, 김우경 글, 지식산업사

올바른 가치관을 심어주는 책

누가 읽어도 정의롭고 옳은 것을 말하고 있는 책을 고르는 게 좋겠습니다. 올바른 판단을 하려면 무엇이 옳은지를 알아야 하는데 책 읽기를 통해 좋은 가치가 무엇인지 배울 수 있습니다.

『샬롯의 거미줄』, 엘윈 브룩스 화이트 글, 가스 윌리엄즈 그림, 시공주니어

『토끼전』, 이혜숙 글, 김성민 그림, 창비

『트리갭의 샘물』, 나탈리 배비트 글, 대교출판

『목수들의 전쟁』, 김진경 글, 최달수 그림, 문학동네어린이

『마당을 나온 암탉』, 황선미 글, 김환영 그림, 사계절

『어린 왕자』, 생텍쥐페리 글/그림, 비룡소

『바보 이반의 이야기』, 레프 니콜라예비치 톨스토이 글, 이상권 그림, 창비

『바보 온달』, 이현주 글, 김호민 그림, 우리교육

『하늘로 날아간 집오리』, 이상권 글, 자음과모음

이웃과 사회 문제에 관심을 갖게 해주는 책

초등 고학년이면 주변을 돌아보고 관심을 가져야 할 때입니다. 전쟁과 굶주림으로 죽어가는 사람들, 어린 나이에 하루 300원도 안 되는 돈을 받고 하루 종일 노동에 시달리는 가난한 나라 아이들, 우리를 위협하는 핵 문제, 지구 온난화 문제에서부터 사회에서 소외당하고 인권 차별을 당하는 사람들의 사연까지 세상일에 대한 관심의 폭을 넓히는 책을 고르는 게 좋습니다.

『홍길동전』, 정종목 글, 이광익 그림, 창비

『무기 팔지 마세요!』, 위기철 글, 이희재 그림, 청년사

『지엠오 아이』, 문선이 글, 유준재 그림, 창비

『베니스의 상인』, 셰익스피어 원작, 찰스 램·메리 램 엮음, 아서 래컴 그림, 창비

『초정리 편지』, 배유안 글, 홍선주 그림, 창비

『핵 폭발 뒤 최후의 아이들』, 구드룬 파우제방 글, 최혜란 그림, 보물창고

『마사코의 질문』, 손연자 글, 김재홍 그림, 푸른책들

『왕자와 거지』, 마크 트웨인 글, 시공주니어

『괭이부리말 아이들』, 김중미 글, 송진헌 그림, 창비

『잘 먹고 잘 자라기』, 김순영 글, 작은씨앗

『블루시아의 가위바위보』, 김중미 등저, 윤정주 그림, 창비

『오체불만족』, 오토다케 히로타다 글, 창해

『우리들의 일그러진 영웅』, 이문열 글, 다림

위대한 스승을 통해 꿈을 키워가게 하는 책

초등 고학년은 막연하나마 자신의 꿈을 설정하고 귀감이 되는 인물 이야기 책을 읽을 때입니다. 역사에 관한 배경지식을 기르면서 인물의 살았던 시대와 성장환경, 업적 등을 알아보고 그들이 시련을 어떻게 극복하였는지 등을 알아봅니다.

『도산 안창호 이야기』, 윤지강 글, 원유미 그림, 아이들판

『김구』, 조정래 글, 김재홍 그림, 문학동네어린이

『꺼지지 않는 등불 간디』, 문명식 글, 이상권 그림, 주니어RHK

『민주주의의 등불 장준하』, 김민수 글, 사계절

『몽당연필이 된 마더 데레사』, 고정욱 글, 박승범 그림, 바오로딸

『할아버지 손은 약손』, 한수연 글, 이유진 그림, 하늘을나는교실
『유일한 이야기』, 조영권 글, 타마 그림, 웅진주니어

자존감과 자신감을 길러주는 책

초등학교 저학년까지만 해도 자신이 열심히 노력하면 무엇이든 이룰 수 있을 거라고 믿었던 아이들도 고학년이 되면서 차츰 노력의 힘을 불신하게 됩니다. 성적이나 외모, 집안 환경 등을 비교하면서 상대적으로 위축되고 자신감을 잃을 수 있습니다. 또 노력해도 소용없다는 열등의식이 싹틉니다. 열등감은 누구나 생길 수 있으나 문제는 열등감에 빠져 자존감이 낮아지고 의욕을 잃는 경우입니다. 어려운 환경이나 불우한 처지에서도 자신을 다독이며 변화를 받아들이면서 성장해가는 이야기를 읽음으로써 내적 당당함을 키워갈 수 있습니다.

『리디아의 정원』, 사라 스튜어트 글, 데이비드 스몰 그림, 시공주니어
『뚱보, 내 인생』, 미카엘 올리비에 글, 송영미 그림, 바람의아이들
『내 몸에 날개를 달자』, 크리스티네 페어 글, 웅진주니어
『프린들 주세요』, 앤드루 클레먼츠 글, 사계절
『조커, 학교 가기 싫을 때 쓰는 카드』, 수지 모건스턴 글, 미래유 달랑세 그림, 문학과
지성사
『살아난다면 살아난다』, 최은영 글, 최정인 그림, 우리교육
『열두 살의 나이테』, 오채 글, 노인경 그림, 아이세움
『이제는 내 길을 가야 해』, 낸시 스틸 브로코 글, 이서영희 그림, 크레용하우스
『우리 모두 꼴찌 기러기에게 박수를』, 한나 요한센 글, 케시 벤트 그림, 시공주니어
『달려라 막시』, 산티아고 가르시아 클래락 글, 푸른나무

다른 사람의 마음을 헤아릴 줄 알게 되는 책

초등 고학년은 본격적으로 사회성을 기르는 때입니다. 겉에 드러난 행동이나 말로만 판단할 것이 아니라 그 이면의 감정이나 원인을 헤아릴 줄 아는 통찰력을 길러야 할 때입니다. 『아빠가 내게 남긴 것』은 주인공이 세상을 떠난 아빠를 지켜보면서 겪는 원망과 슬픔, 고통을 보여주는 책입니다. 아이들은 직접 겪은 일은 아니지만 책 속 등장인물들의 감정에 공감하면서 타인의 마음을 헤아리고 용서하는 것을 배웁니다.

『늑대의 눈』, 다니엘 페나크 글, 자크 페랑데즈 그림, 문학과지성사
『맑은 날』, 김용택 글, 전갑배 그림, 사계절
『넌 아름다운 친구야』, 원유순 글, 김상섭 그림, 푸른책들
『아주 특별한 우리 형』, 고정욱 글, 송진헌 그림, 대교출판
『만년샤쓰』, 방정환 글, 김세현 그림, 길벗어린이
『까마귀 소년』, 야시마 타로 글/그림, 비룡소
『자전거 도둑 니켈』, 미르얌 프레슬러 글, 엄영신 그림, 푸른나무
『아빠가 내게 남긴 것』, 캐럴 캐릭 글, 패디 부머 그림, 베틀북
『할머니』, 페터 히르틀링 글, 페터 크노르 그림, 비룡소
『나와 조금 다를 뿐이야』, 이금이 글, 원유미 그림, 푸른책들
『달팽이의 꿈』, 소중애 글, 원유미 그림, 대교출판

내 마음을 잘 전하고 서로 잘 지낼 줄 알게 하는 책

학교에서 종종 문제가 되는 집단 따돌림이나 폭력 등은 자기 감정을 전달하는 데에 미숙하거나 사소한 갈등에 잘 대처하지 못해

벌어집니다. 사랑하는 가족이나 친구는 말을 하지 않아도 자기 마음을 다 알아줄 것이라고 착각하기도 합니다. 그래서 이해받지 못한다고 여기고 원망하기도 하지요. 이때 헤르만 헤세의 『나비』와 같은 책을 읽으면서 자기 잘못을 솔직하게 말할 줄 아는 것도 용기임을 깨달을 수 있습니다.

『내겐 드레스 백 벌이 있어』, 엘레노어 에스테스 글, 루이스 슬로보드킨 그림, 비룡소
『폭력으로는 해결할 수 없어요』, 브리지뜨 라베·미셸 퓌엑 글, 자크 아잠 그림, 소금창고
『내 친구의 집은 어디인가?』, 압바스 키아로스타미 원작, 심상우 글, 문예춘추사
『나비』, 헤르만 헤세 지음, 범우사
『내가 나인 것』, 야마나카 히사시 글, 고바야시 요시 그림, 사계절
『모르는 척』, 우메다 순사쿠 글/그림, 길벗어린이
『여자 대 남자』, 리사 이 글, 단 산테트 그림, 봄나무
『헨쇼 선생님께』, 비벌리 클리어리 글, 이승민 그림, 보림
『너도 하늘말나리야』, 이금이 글, 송진헌 그림, 푸른책들

함께 생각을 모아 문제를 해결하는 책

초등 고학년부터는 개인과 가정, 학교 문제뿐 아니라 한 발 나아가 이웃과 사회 문제로 관심을 넓혀갈 필요가 있습니다. 전쟁이나 평화, 인권, 역사, 생명과학, 교육 등에 관심을 갖고 자주 이야기를 나누는 게 좋습니다. 독서가 단지 지식을 넓히는 데서 그치지 않고 사고의 확장을 가져올 수 있도록 자주 대화하고 토론하는 시간을 가져야 합니다.

『평화는 어디에서 오나요』, 구드룬 파우제방 글, 민애수 그림, 웅진주니어

『우물 파는 아이들』, 린다 수 박 글, 개암나무

『그러니까 역사가 필요해』, 앙투안 사바 글, 핀조·송진욱 그림, 노란상상

『64의 비밀』, 박용기 글, 양경희 그림, 바람의아이들

『고물장수 로께』, 호셉 발베르두 글, 현윤애 그림, 푸른나무

『씨앗을 지키는 사람들』, 안미란 글, 윤정주 그림, 창비

『우리 땅의 생명이 들려주는 이야기』, 마술연필 글, 소복이 그림, 보물창고

『내 친구에게 생긴 일』, 미라 로베 글, 박혜선 그림, 크레용하우스

『세상을 바꾼 용기 있는 아이들』, 제인 베델 글, 김순금 그림, 꼬마이실

『하늘을 나는 교실』, 에리히 캐스트너 글, 발터 트리어 그림, 시공주니어

『쌀뱅이를 아시나요』, 김향이 글, 김재홍 그림, 파랑새어린이

초등 인문독서의 기적

© 임성미 2016

1판 1쇄	2016년 2월 5일
1판 5쇄	2020년 2월 19일

지은이	임성미
펴낸이	김정순
책임편집	오세은
디자인	이혜령
마케팅	김보미 양혜림 이지혜

펴낸곳	㈜북하우스 퍼블리셔스
출판 등록	1997년 9월 23일 제406-2003-055호
주소	04043 서울특별시 마포구 양화로 12길 16-9(서교동 북앤빌딩)
전자우편	editor@bookhouse.co.kr
홈페이지	www.bookhouse.co.kr
전화번호	02-3144-3123
팩스	02-3144-3121

ISBN 978-89-5605-474-2 (13590)

이 도서의 국립중앙도서관 출판예정도서목록(CIP)은 서지정보유통지원시스템 홈페이지(http://seoji.nl.go.kr)와 국가자료공동목록시스템(http://www.nl.go.kr/kolisnet)에서 이용하실 수 있습니다. (CIP제어번호: CIP2016001327)